万物新知

撼动世界史的植物

〔日〕稻垣荣洋 著

宋刚 译

出离 绘

HANDONG
SHIJIESHI
DE ZHIWU

接力出版社
Publishing House

桂图登字: 20-2018-192

SEKAISHI WO OOKIKU UGOKASHITA SHOKUBUTSU
Copyright © 2018 by Hidehiro INAGAKI
First published in Japan in 2018 by PHP Institute, Inc.
Simplified Chinese translation rights arranged with PHP Institute, Inc.
Through Bardon-Chinese Media Agency

图书在版编目（CIP）数据

撼动世界史的植物 / (日) 稻垣荣洋著；宋刚译；出离绘. —南宁：
接力出版社, 2019.9
（万物新知）
ISBN 978-7-5448-6088-8

Ⅰ.①撼⋯　Ⅱ.①稻⋯ ②宋⋯ ③出⋯　Ⅲ.①植物—青少年读物
Ⅳ.①Q94-49

中国版本图书馆CIP数据核字（2019）第081974号

责任编辑：马　婕　申立超　　美术编辑：许继云
责任校对：杜伟娜　　责任监印：刘　冬　　版权联络：闫安琪
社长：黄　俭　　总编辑：白　冰
出版发行：接力出版社　　社址：广西南宁市园湖南路9号　　邮编：530022
电话：010-65546561（发行部）　　传真：010-65545210（发行部）
http：//www.jielibj.com　　E-mail：jieli@jielibook.com
经销：新华书店　　印制：北京瑞禾彩色印刷有限公司
开本：710毫米×1000毫米　1/16　　印张：13　　字数：220千字
版次：2019年9月第1版　　印次：2022年6月第3次印刷
印数：10 001—17 000册　　定价：58.00元

目录

有一天，我们的祖先完成了人类历史上"最伟大"的发现。

由于发现了产生基因突变的"一粒小麦"，人类结束了狩猎生活，开始了农耕文明。

水稻原产于中国，后向西经印度传入欧洲，向东传入韩国、日本。

水稻产量越高，就能养活越多的人口，随之而来也会积累更多的财富。

在欧洲，家畜的肉是非常昂贵的食材，但肉容易腐败，无法长期保存。

"随时随地吃到美味的肉"是一种奢侈的生活，而香辛料是能够实现这种生活的"魔法药粉"。

哥伦布把在美洲大陆发现的辣椒称为"pepper"（胡椒）。

但是，他真的不知道胡椒的味道吗？

这其中隐藏着他的苦恼。

在爱尔兰，一场马铃薯晚疫病突如其来。由于大饥荒，无粮可食的人们背井离乡，将目光投向了新天地——美国。

移居的爱尔兰人的子孙中，成功人士辈出。

第六章

番茄——改变了全世界食物的红色果实

番茄这种来自美洲大陆的果实仅用了数百年的时间就经欧洲传播到了亚洲。

番茄改变了全世界的饮食文化。

第七章

**棉花——"能长出羊毛的植物"
与工业革命**

18 世纪下半叶的英国，在那个追求平价棉织品的社会发生了一件革命性的大事。由于蒸汽机的出现，作业开始机械化，规模化生产变为可能，这就是"工业革命"。

第八章

茶——鸦片战争与咖啡因的魔力

人们越喜爱神秘的饮品——茶，就越需要从清政府购买茶叶。

大量的白银外流，英国计划向清政府倾销鸦片。

种植活动费时费力，需要充足的劳动力，欧洲各国纷纷相中非洲殖民地的劳动力资源，于是开始贩奴到美洲。

从非洲前往新大陆的船上，挤满了种植甘蔗的奴隶。

大豆原产于中国，它支撑了中国五千年文明的发展。由于自身营养丰富，大豆华丽变身为豆腐、味噌等食品，并传播到美洲大陆。

洋葱原产于中亚，在古埃及是非常重要的作物。

洋葱生长在干燥地带，为了免遭害虫和病菌侵害，产生了带有强烈辛味的物质。

　　荷兰创建了东印度公司，通过海外贸易积累了大量资产，从此，荷兰的黄金时代拉开了帷幕。人们开始用剩余的资本竞相求购球根。

　　玉米不仅仅是粮食，它还是制造工业酒精、纸箱的原材料，也可以生产代替石油的生物乙醇等。现代社会没有玉米就无法存续。

代序

关注"生活世界"中的食物

北京大学哲学系教授、博物学文化倡导者　刘华杰

《撼动世界史的植物》是一部界面友好的小书。"界面友好"指行文简洁，全书像讲故事一样，没有吓人的学术论证；"小书"指篇幅较小，全书主要讲述 13 种普通的植物，只用了不到 200 页的篇幅，去掉优美的大幅面插图，单看文字是颇少的。这两点就决定了它的畅销？哪有那么容易！在媒介不断多样化、复杂化的时代，没人敢说具备了哪些"品质"，作品就一定畅销。通常只能畅销后往回推，即马后炮式地寻找、概括一番。找出成为畅销书的充分必要条件，非常困难，可能会落入我曾概括的"双非原则"——既不充分也不必要或许很重要（neither necessary nor sufficient but possibly important）。但也不是无迹可寻，评论者总可以事后挑选一些自己认为重要的相关因素。

首先，这部书非常有趣，不经意间传播了许多重要的知识点。它们未必有多高深，却很有意思。比如，辣椒和玉米都原产于美

洲，传到中国后又传播到日本，辣椒在日本称唐辛子，在韩国称倭辛子；玉米在中国称玉蜀黍（《本草纲目》），在日语中称"唐蜀黍"。蚂蚁对堇菜种子的处理，对双方都有好处。比如，爱尔兰马铃薯晚疫病的暴发与单一品种种植直接相关，导致近 100 万人饿死，以及爱尔兰人的美洲移民大潮。而美国的肯尼迪家族、迪士尼、麦当劳兄弟、林肯、克林顿、奥巴马都有爱尔兰基因。对于消化草料来说，牛有四个胃，马有盲肠。稻米与大豆是黄金搭档，配合食用营养更为均衡。淮南王刘安发明豆腐（公元前谁发明了豆腐以及有多少人食用它，可能说不清楚，但在宋代豆腐肯定已经相当普及，成了一种寻常食品）。日本农林水产省的水果概念与我们的不同，专指树上所结的果实，番茄、草莓、西瓜都不算水果，而是蔬菜。

对于后者，还可以补充几句。中国、美国、日本的水果概念在超市中和日常语言里其实差不多，但在日本生产商和日本消费者那里有差异。日语中"果物"相当于汉语的水果；"野菜"相当于蔬菜，指人工种植的种类，不包括野生的；"山菜"相当于野菜。在美国，曾经对蔬菜加征关税而水果是免税的。番茄是蔬菜还是水果之分类学，是非常现实的问题。进口商当然主张番茄是水果。联邦最高法院最终判下来，番茄是蔬菜，这也就意味着它在征税之列。在高温难耐的夏日，了解一下这些"无用而有趣"的知识，不是也挺好吗？

第二，这部书再次传达了非人类中心论的一个观点。作者尝试从植物的角度看世界，看历史。人类常常自以为是，太习惯把自己置于其他所有生命之上，因而不大习惯从鱼、从狗、从细菌、从松树、从郁金香的视角看问题。

作者在书的结尾处说："人类的历史其实是植物的历史。"听起来有点奇怪，对不对呢？关键一点，如何理解"是"。"是"的两边并不相等，相等也就没意思了。比如，5=5，老张=老张，植物=植物，属于废话练习。奇妙的是，特别是对于极有启发性的格言，恰好要选取初看毫无瓜葛、细看又有特别关联的两个不同的事物。判别好的修辞或好的造句的标准是什么？标准是"能给人以启发"。稻垣荣洋的造句"人类的历史其实是植物的历史"确实能给人以启示。换个视角，"人类只不过是照料着植物的可怜虫"，这对狂妄自大的人类或许是一个较好的提醒。不过，这些并非他个人的独创，类似的思想我们能从其他作家那里找到，比如戴蒙德的《枪炮、病菌与钢铁》、波伦的《欲望的植物学》（中译本为《植物的欲望》）、劳斯的《改变历史进程的50种植物》，甚至可以追溯到技术哲学家埃吕尔（Jacques Ellul）的《技术社会》。本书末尾的参考文献中，也包含上述戴蒙德和劳斯的作品。

第三，本书的写作顺应了当下历史学界的思想解放，本书有"大历史"和文化史的背景或者影子。面对"现代性"社会的诸多问题，以及学术本身的发展需要，"历史"观念也在悄然变化。洞悉变化不需要熟读巴特菲尔德的《历史的辉格解释》和布赖萨特的《西方史学史》等学术文本，通过关注当下历史书籍的品种、范围即可领略。"大历史"，顾名思义，指时空格局大，融通多学科知识，讲述万物（包含人类）的交织的历史。历史学家要打通原有的条块、部门、层次阻隔，重视系统突现，在更宏大的视野中"观察"人类与环境的互动，思考人类的命运及生态系统的命运。对此方面，此处不展开叙述了。

对于文化史，在我看来，变化主要体现在一旧一新两个方面。前者指回归历史学原初的全面性。在汉语中，就词的字面意思来讲，何谓历史呢？历，经也，沿时间轴穿越，历史学家干的活儿；史，记也，记录图像和文字，史官干的活儿。历史写作与研究有两个维度：纵向的时间延续，横向的空间展开。没有丰富的史（积累空间切片），历是做不成的（在不同切片间寻找因果关系）。这个，对于西文也是一样的。古希腊词的"伊斯特丽亚"（Ιστορια，对应于拉丁文 historia、英文 history），主要是记录、描写之义，时间演化之义是后派生的，却一点点成了主流。对于"历史"之类的偏正结构的词，长期以来人们只注意其一个方面。于是，历史侧重于时间演化过程。对于"宇宙"，侧重于空间绵延，其实两个维度都是有的。汉语中"宇宙"两字一个指向时间，一个指向空间："四方上下曰宇，往来古今曰宙。"提及"历史"之词源，绝不是掉书袋，假装深沉，而是要恢复古老的传统，提醒人们做历史工作时也要关注、记录当下正在发生的各种事件，它们马上就将成为历史学家研究的对象。与其等到许多关键信息丢失了再去费劲地重构，还不如现在就亲自描述正在发生的现象。当然了，两者都要做，适当偏向一点是可以的，但不宜只取一个。历史学家描写当代社会、正在发生的社会事件肯定有别于新闻记者、社会学家、人类学家的做法，但这一任务不能取消，历史学工作者要勇于担当起来。其中的历史学工作者，未必是职业历史学家，也可以是本书作者这样的"杂草生态学家"，也可以是稍加训练的普通文化人。那么，写什么？怎么写？马上就成了问题。这与我要说的第二个方面有关系。

后者则相对新颖，代表着历史观念的一种新变化。特洛伊战争、伯罗奔尼撒战争、恺撒征服、西方军队东征、拿破伦称帝、第三帝国兴亡，当然可以是历史写作的对象；工业革命、电力革命、原子弹、计算机、核军备竞赛、互联网、5G通信之争，可以是历史写作的对象。但是，世界各地普通人的日常生活，也可以是并且应当是历史写作的重要对象。中国古代的四大发明（不同于洋人根据他们的需要概括出的造纸术、指南针、火药、活字印刷术）、茶叶、蚕丝、瓷器、豆腐，在文化史的意义上，都大有文章可做。唐朝人穿什么衣服，能吃到辣椒吗？主流史学家会研究这些事吗？人类走出非洲，在各地都吃什么生存下来的？我们的祖先都是成功者、胜利者，他们不成功就不会有我们。既然普遍认为"历史是由胜利者写成的"（本书第70页），后人吃饱饭、打打杀杀之余，也有责任写写"生活世界"（现象学哲学的一个术语，其实并不高深）中发生的历史。本书主要讲了13种植物，它们极普通，却又很重要，与恺撒、希特勒、爱因斯坦、尼克松、盖茨相比，与机关枪、坦克、隐形轰炸机、航母、手机相比，谁更重要，更关乎天人系统的可持续未来？在我看来，这些植物更重要。恺撒、爱因斯坦能当饭吃？不能！坦克、航母有助于和平吗？非也！所以，历史学家能写植物，本身就了不起，代表着史学观念的重大变化。其中，郁金香泡沫的故事并不很光彩，但郁金香竞赛总比军备竞赛要好吧！鼓励更多人把"剩余智力"用于园艺、文学、艺术肯定要比用于研发新型武器更合天理,更有利于天人系统的存续。

怎样描写物及人对物的利用?不单纯是唱赞歌,也需要反思。在人类历史上,"物种大交换"、全球化带来无数看得见的好处,但也有许多阴暗面。全球化过程中流通的有货物、金钱、奴隶、病菌,还有垃圾。"就是因为这一杯茶中加入的砂糖,无数男女被迫离开生长的故乡过着奴隶生活。"(本书第130页)简单的道德判断无济于事,史学家可以先做一些基础性工作。关注自然物、人工物,对于史学家不算太苛刻的要求,经济史、制度史、思想史可以研究,物当然也可以研究。对物的研究,可以展现社会和环境的变迁,研究物就是在研究思想、经济、社会、政治。江河湖海以及普通的水,都值得历史学家关注。喝一瓶"农夫山泉",意味着什么?在世界游泳锦标赛的电视转播节目中看到矿泉水作为赞助商,这不令人思索吗?它哪儿来那么多钱,水竟然可以出售?水可以卖钱呢,那空气呢?在污染不断加剧的进程中,干净的空气早晚也会成为商品。水和空气成为商品,对人类和地球意味着什么?

稻垣荣洋说:"我们不知道是因为有了文明才有了优质的作物,还是优质的作物支撑着发达的文明,但可以肯定的是,世界文明的起源都与作物的存在有着深深的联系。"(本书第169页)稍想一下,不难发现:有吃的,人才能活下去;没饭吃哪有什么文明?本书讲的13种植物分别是禾本科的小麦、水稻、甘蔗、玉米,胡椒科的胡椒,茄科的辣椒、马铃薯、番茄,锦葵科的棉花,山茶科的茶,豆科的大豆,百合科的洋葱、郁金香。也就是说,按"科"来分，可分作 7 科 7 大类。其中调味植物也许讲得太少了，我倒愿意补充两种令人着迷的种类：块茎山萮菜（*Eutrema wasabi*，即常说的山葵，日本芥末的原料）和木姜子（*Litsea pungens*），前者属于十字花科，后者属于樟科。我永远不会忘记第一次品尝它们的情景，也建议没吃过的读者尝一尝。

影响人类历史的植物显然不止这些，但描述这 13 种已经足以说明问题；阅读相关故事，足以让读者想象人类自身的历史、人类与环境互动的历史。这其中，除了郁金香外，都可生产重要的食物。食物值得尊重，这些提供了食物的植物也值得尊重，世世代代的培育者也值得尊重。怎样尊重？首先是尊重植物的生存权，保证那些栽培这些植物的人能够方便地繁殖它们。"对植物来说，最重要的是什么呢？那就是结出种子，播撒种子。"（本书第 177 页）但是，随着人类本事的增大，一些追求特殊利益的个体和组织正在斩断植物之种子传播的道路，例如一些公司以保护知识产权为名，禁止人们再次利用种子繁育下一代植株。实际上，大家应当联合起来，不承认某些种子专利，保障种植者拥有持续播种自己收获之种子的权利。这 13 种植物中，至少水稻、玉米、辣椒、马铃薯、番茄、棉花、大豆这 7 种都已经被转了基因（不是全部），即除了传统社会当中存在的自然物种外，已经有了对应的 GMO（转基因生物）。是好是坏？争议颇大。在我看来，至少目前看不需要转。正因为它们极为重要，在安全性无法保证的状况下，宜慎重，能不转就不要转，而不是急着转。瞧一瞧谁最急着转？的确有一部分普通百姓赞成转，但是这些人可忽略不计，急着转的人主要来自现代性的强势群体：谋利的企业、部分科学家、部分政府部门。严格讲，支持转基因和反对转基因都没有逻辑上的充分理由，但是反对转基因却有重要的理由：大自然中、传统社会中已有的作物，都经历了漫长时间的演化，它们是久经考验的，它们是全人类的宝贵财富；对于以极快速的、根本不同于以往的手段改变植物的遗传方式，需要给出论证，把控风险，说服怀疑者。"谁主张谁举证，谁改变谁说服。"如果哪位科学家或团体觉得浑身本事无处发挥，可以学习古人，采用人们可以接受的办法尝试培育出某种新的作物，如水稻、小麦、玉米、辣椒、花生、大豆，不要随便糟蹋前人的成果。有人说，反对转基因（本身有不同的程度）就是反科学，反进步，反文明，这种论调很不讲理。在人类漫长的历史当中，科学在哪里？在数千年数万年中，人类驯化各种植物时依据了哪些科学？现在所谓的科学，是非常近的事情，生命科学的现代史在达尔文之后才刚刚开始，当下科技能周全考虑的时空尺度仍然相当有限。生命的信息不是可以通过 DNA 序列来分析吗？天文学家不是可以提前万年预知日、月食吗？宇宙探测器不是可以深入遥远的星空吗？精确制导武器不是可以指哪儿打哪儿吗？没错，但是，现实中的科学对于处理复杂的生命现象，特别是了解某些改变的长远影响，能力极有限。科学的定量化、还原论本性决定了它本质是一种只能做局部的小尺度探测、权衡的人类知性工具。现实中的科技从来不是孤立存在的，它一定与权力、资本高度捆绑。在现代社会，没有科技肯定不行，但只靠它，人类的命运就危险了。科技不意味着正确。科技标准是一个重要指标，但绝不是全部指标。科技也有高低、新旧、成熟和不成熟之分，在风险未知的情况下，采用低技术、旧技术、成熟技术。

本书优点很多，不用细讲。读者阅读此书，用很短的时间就能获得一些有趣的知识，并引发思考，这些显然是优点。不过，本书的活泼、简洁写法也决定了它不可能事事做得稳妥。比如，没有提及对于中国北方人的生活极为重要的粟（*Setaria italica var. germanica*，可加工出小米）；关于水稻原产地，关于印度阿萨姆茶的分类学地位，叙述不很周全。又如，对一些事件因果关系的断言可能是有疑义的：关于咸海如何死掉，洋葱与金字塔建造，洋葱在以饮食文化著称的中国却受到冷遇的原因。对于最后者，稻垣荣洋说很重要的一个原因是切洋葱的时候，洋葱本身的辛辣会刺激人流眼泪。这样的猜测说着玩可以，不必当真。实际的可能性是，中国有类似的东西，对新玩意需求不强烈。在中国，小根蒜（薤白）、藠头、多种野葱、多种野韭等"替代品"分布广泛，早已被普遍食用。

稻垣荣洋是植物学领域的科学家，在本书中对植物学本身却没有讲太多，但很得体。涉及植物本身时，他用词不多，却触及了一个根本性问题：现代人以工业化手法处理复杂的农业，引发了生态问题。书中讲到的"被甘蔗侵略的岛"具有普遍性。在中国桉树、茶树以及其他多种经济植物和动物侵略的山坡、草场、水体，数不胜数，在世界其他国家，情况也差不多。在实施工业化农业的地区，生物多样性极度降低，生态破坏，水土流失。为什么工业手法不灵？因为人为的工业化，相比于大自然本身的复杂性、精致性还是太小儿科了。过分简化地处理本来很复杂的问题，虽然局部上有效，长程上却会引发问题。比如工厂化养鸡，鸡能产蛋，人也能吃肉，但是很多人认为其质量与传统的土鸡相比差远了，长期吃工业化生产的鸡蛋鸡肉对人体也有影响。对此有何应对办法？首先要有敬畏之心，在观念上要"知止"。不得不做时，在量上要加以限制，不能再恶狠狠地上规模，拼价格。要减少产量，提升质量，稳定价格。常说的"物美价廉"，其实是幻想，也不符合逻辑，应当是"物美价高"，一分钱一分货，不要想耍小聪明占大便宜。生态食品是优良食品，不可能机械化、工业化地生产，当然就应该价格高些。

植物的故事，也涉及人的财富观、人生观、幸福观。书中，稻垣荣洋讲了一个老掉牙的故事："在一个南方小岛上，人们悠闲地生活度日。一个外国来的商人看到后，问大家为什么不更努力地劳作赚钱。岛上的居民问，赚那么多钱做什么呢？商人回答：'可以在南方的岛上悠闲地生活呀。'听了这句话后，大家说：'我们不是早就做到了吗？'"（本书第 126 页）我的好朋友田松博士很久以前在《渔民的落日》一文中也讲过类似的故事："一个渔民坐在海边，一个旅游者问他：这么好的天气，为什么不出海打鱼？渔民说：今天已经打过了。旅游者说：你应该打更多的鱼，赚更多的钱。渔民问：那又怎么样呢？旅游者说：然后你可以买一个机动船，打更多的鱼，赚更多的钱。渔民问：那又怎么样呢？旅游者说：然后，你可以雇人打鱼，你自己就用不着出海了。渔民问：那我干什么？旅游者想了一想，说：那时，你就可以像我一样，坐在海边，看落日的风景。渔民说：我现在正坐在海边，看落日的风景。"（《中华读

书报》，1998.01.14，第 11 版）

稻垣荣洋用"笑话"来形容这个虚拟的故事。其实，它不是笑话，它涉及一个非常严肃的话题。可以坦率地讲，现在许多人就没搞清人生的目的。田松说："幸福与技术并无直接关系。无论技术怎样发达，也追不上人类日益增长的物质和感官欲望。"

实际上，这本是一本轻松的小书，读着好玩即可，不必想太多。

当然，如果想了，也就想了，不碍事。你还可以自己尝试像稻垣荣洋一样思考、书写，也可以从餐桌上启动我们自己的博物学，认清我们每餐吃下的每一种植物。未必一下子精确到种（许多栽培植物很难确认种），通常知道植物所在的科即可。坚持一年，就会有非常大的收获。

最后抄录苏轼 900 多年前的一首《春菜》，愿我们每天都能享用美食。

> 蔓菁宿根已生叶，韭芽戴土拳如蕨。
>
> 烂烝香荠白鱼肥，碎点青蒿凉饼滑。
>
> 宿酒初消春睡起，细履幽畦撷芳辣。
>
> 茵陈甘菊不负渠，绘缕堆盘纤手抹。
>
> 北方苦寒今未已，雪底波棱如铁甲。
>
> 岂如吾蜀富冬蔬，霜叶露牙寒更茁。
>
> 久抛菘葛犹细事，苦笋江豚那忍说。
>
> 明年投劾径须归，莫待齿摇并发脱。

自序

对于人类历史，我们如数家珍。至少，我们都这样深信不疑。然而，事实果真如此吗？如果说我们所熟知的历史幕后，都有植物在暗中活动，你对这些又知道多少呢？

人类的背后，通常都有植物的身影。

人类通过种植植物，开始了农耕生活，并由农耕技术诞生了文明。植物可以帮助人们发财致富，因此人们纷纷拜倒在了致富植物的石榴裙下。随着人口增加，人类需要更多的植物。种植植物积累了粮食和财富，逐渐形成了国家，并进一步发展成大国。为了争夺财富，人们彼此争斗，从某种意义上说，植物也是战争的导火索。

要使士兵连续作战，食物必不可少。掌控了植物，更具体些也可以说掌控了作物，就等于掌控了世界。如果没有作物，人们就会挨饿，就会去漂泊流浪，寻找食物，寻找培育作物的土地。国有盛衰存亡，人有悲欢离合，真可谓皆系于植物一身。

历史是由人类活动交织而成的，但人类的活动离不开植物。在人类历史的背后，总有植物以各种形式存在。人类几千年文明史，绝大多数时间都被植物所统治：古代文明发源于植物；近代社会工业革命的动力依赖于植物；现代全球化的经济贸易，处处都有植物扮演的重要角色。

人类史同时也是一部植物史。本书主旨就是展现从植物角度所观察到的人类文明与世界历史。

第一章

小麦

文明从一粒种子诞生

有一天，我们的祖先完成了人类历史上『最伟大』的发现。

由于发现了产生基因突变的『一粒小麦』，人类结束了狩猎生活，开始了农耕文明。

树和草谁更高等？

植物主要有树和草两种形态。那么，树和草谁是更高等的形态呢？植物的进化顺序是从苔藓植物、石松植物、蕨类植物、裸子植物再到被子植物，其中除了苔藓植物和石松植物外，其他三大类中都有木本植物。

远古时期的地球气候温暖，大气中二氧化碳浓度较高，这种环境非常有利于植物进行光合作用，因此，植株越高大的植物，光合作用就越强烈——为了支撑其巨大的植株，必须生出结实的枝干。

而植食性恐龙为了吃到高大的植物，也逐渐进化，拥有了长长的脖子。

但是，在恐龙时代宣告结束的白垩纪，情况发生了变化。此前原本一体的大陆分裂成几大板块，开始漂移。大陆裂开的地方变成了较浅的内海和湿地，大陆与大陆碰撞的地方则隆起形成了

山脉。地壳变动形成了复杂的地形，同时又因为地形变化，气候也发生了巨大的改变。

于是，地球的环境从稳定期进入了变动期。

为了应对这种变化，草的形态发生了巨变。

在急剧变化的时代，下一秒将会发生什么，是完全未知的。在这种环境中，植物根本没有慢慢长大的时间，因此，植株矮小的草类迎来了繁盛期。

三角龙是生活于白垩纪时期的一种代表性恐龙。

一直以来，植食性恐龙大多长着长长的脖子，以高大树木的叶子为食。然而，三角龙的脖子却非常短，腿也不长，而且，三角龙的头是向下生长的，就像吃草的黄牛或犀牛。也就是说，三角龙的进食对象不是树上的叶子，而是地面上的矮小草类。这也间接说明，一些植物在白垩纪时期发生了由树向草的进化。

双子叶植物与单子叶植物的区别

单子叶植物就是伴随着植物由树向草的进化而繁茂起来的。

对植物来说，这种变化是巨大的，不亚于鱼类登陆后进化成两栖动物，猿人进化成为人类。

我们在学校上自然课或生物课的时候，老师一定会教我们如何辨认双子叶植物与单子叶植物。

顾名思义，双子叶植物有两片子叶，而单子叶植物只有一片子叶。此外，在双子叶植物的茎的切面上可以看到环形的形成层，由导管和筛管组成，而单子叶植物没有形成层。单子叶植物虽然构造简单，但实际上，单子叶植物却更为高等。

单子叶植物拥有的一片子叶是由原来的两片子叶闭合而成的。茎要想长得粗壮，植物要想变得高大，就必须要有形成层这样坚韧的构造，而形成这些是需要花很长时间的。因此，为了快速生长，单子叶植物就舍弃了形成层。

另外，单子叶植物还有一些特征，比如具有平行的叶脉，根是须根等。双子叶植物有着结实的枝杈，以便支撑其长大后的巨大植株，而不会长大的单子叶植物为了节省时间，就采取了直线型的构造。

总之，单子叶植物为了提高生长速度，省略掉了多余的部分。单子叶植物就是一种速度至上的植物。

禾本科植物出现

在单子叶植物中，最高等的一类是禾本科植物。

禾本科植物是在干燥的草原上繁盛起来的。

如果在树木茂盛的森林中，植物不计其数，是不会被吃光的，

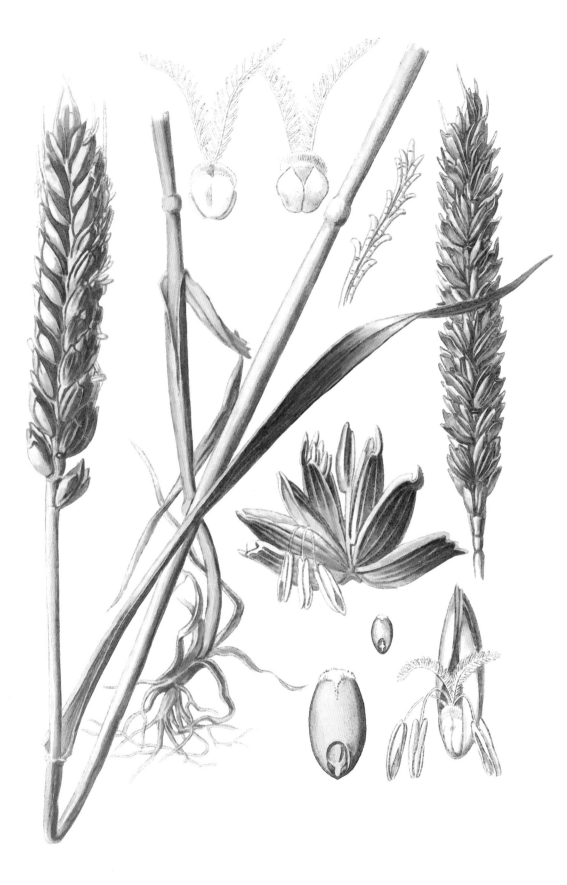

但是，在植物稀少的草原上，动物们为了求生，就会争夺有限的植物，从而会将植物食之殆尽。荒原上的动物们生存不易，而要保护自己免遭"灭顶之灾"，植物的生存就更加艰难了。

那么，草原上的植物该怎样保护自己呢？

用毒是一个好办法。要合成毒素，就必须要有养分充当毒素的原料。显然，在贫瘠的草原上，合成毒素并不是一件容易的事。另外，即使植物历尽千辛万苦成功地合成了毒素，动物们也会见招拆招，进化出相应的抵抗方法。

于是，禾本科植物的防护之法，就是在体内储存大量的硅元素。硅就是制造玻璃的原料。硅在土壤里含量丰富，并且不会被植物当作养分，所以硅元素在禾本科植物体内储存，能有效帮助植物增强刚性，提高植物的防虫抗病能力。再有，禾本科植物的叶子中有很多纤维物质，动物们吃下去后难以消化，因此，禾本科植物的叶子就不容易被吃光了。

有观点认为，禾本科植物开始在体内储存硅，是大约六百万年前的事。这对一些植食性动物来说是翻天覆地的大事。由于禾本科植物的这一进化特征，许多以这类植物为食的植食性动物就渐渐灭绝了。

不仅如此，禾本科植物还有与其他植物截然不同的特征。一般的植物在茎的顶端有一个生长点，随着新的细胞不断增加，植物会不断向上生长。一旦茎的顶端被吃掉，这个至关重要的生长点也就不存在了。禾本科植物将生长点藏得比较低，一般生长点几乎贴于地面。禾本科植物自始至终将生长点维持在植株的基部，同时将叶子推向高处。这样，不管动物们怎么吃，也只能吃掉叶子的前端，不会伤及生长点。

禾本科植物还有高招

尽管如此，这种生长方式存在一个重大的问题。

如果是按照不断向上生长的方式，植物在进行细胞分裂的同时，可以随心所欲地发芽抽枝。但如果是长出来的叶子自下而上长高，叶子的数量就很难再增加了。于是，禾本科植物选择了不断增加自己生长点数量的方法，学名叫作分蘖。禾本科植物一般比较低矮，它的茎可以一点一点地长高，同时在地面附近繁衍枝杈。枝杈又会伸出新的枝杈，使地面附近的生长点不断增加，也使长高的叶子数量不断增多。因此，禾本科植物大多是在地面附近生出许多叶子的植株。

禾本科植物的招数还不止于此。

水稻、小麦、玉米等禾本科植物对人类来说是重要的粮食作物。然而，人类食用的只是它们的种子部分。禾本科植物的叶子比较坚硬，难以食用，但是可以用来烧火。其实，禾本科植物的叶子不宜食用不只是因为坚硬，还因为其所含养分稀少，即使费一番周折吃下去也意义不大。禾本科植物正是为了避免被吃掉，才将叶子的养分转移的。

也许会有人问，植物不是会通过光合作用合成养分吗？那禾本科植物制造出的养分储存在哪里呢？

禾本科植物将养分储存在地面附近的茎中，并且让叶子中的蛋白质含量降到最低，将养分转移，使之成为毫无营养价值的部分。这样，禾本科植物就进化为了一种叶片坚硬、不易被消化、营养价值少、不适宜作为动物饲料的植物。

动物的求生战略

但是，如果不吃禾本科植物，草原上的动物们就无法生存下去。它们又能想出什么好的办法来呢？

我们以牛为例，牛为了能顺利消化掉吃下去的禾本科植物，慢慢进化出了四个胃。这四个胃中，只有第四个胃是像人类的胃一样进行消化吸收的。那么，其余的三个胃又有什么功能呢？

第一个胃的容量非常大，可以将牛吃下去的草储存起来，还起着发酵槽的作用，让微生物分解草料产生养分。就像人类发酵大豆制成有营养的豆制品，发酵大米酿成酒一样，牛就是在胃里制作有营养的发酵食品的。

第二个胃可以将食物送回食道。牛可以将胃中半消化的食物再次送回口中咀嚼，这个过程叫作反刍。牛吃完东西后，睡觉的时候嘴也会动来动去，原因就在于此。

第三个胃可以调整食物的量，将食物送回前两个胃或者送往第四个胃。这样，动物可以将禾本科植物进行前期处理，将叶片软化，再通过微生物发酵产生养分。

不只是牛，羊、鹿、长颈鹿等都可以通过反刍过程来消化植物，它们被统称为反刍动物。

马虽然只有一个胃，但在其发达的盲肠中，微生物可以分解植物纤维，从而自行产生养分。兔子和马一样，也拥有发达的盲肠。

由此可见，植食性动物也是一个赛一个聪明，它们面对禾本科植物的进化，总能通过各种各样的方法，打败叶片坚硬、营养少的禾本科植物。

不过，禾本科植物的营养还是太少，仅以此为食的牛、马等动物却体形高大。这是什么原因呢？

原来，植食性动物为了消化禾本科植物，必须要有特殊的内脏，例如牛的四个胃，或者马的发达的盲肠等。也正因为它们的消化系统发达，为了从没什么营养的禾本科植物中获取足够养分，它们就必须要吃大量的禾本科植物，才能满足日常所需。而要形成这种发达的内脏，就必须具备高大的体形。

人类史上最伟大的发现

有观点认为，人类是在草原上出现的。

但是，人类不能像植食性动物那样食用叶片坚硬、营养价值低的禾本科植物。虽然人类会使用火，但禾本科植物的叶子太硬了，就算是用水煮、用火烧也无济于事。既然如此，种子是不是可以吃呢？

现在，我们人类的粮食包括小麦、水稻、玉米等谷物，这些都是禾本科植物的种子。只是，将禾本科植物的种子变为粮食并不是一件简单的事，因为野生植物的种子一旦成熟，就会撒得遍地都是。植物的种子太小了，要把小小的种子一粒一粒拾起来还真不容易。

种子掉落的性质叫作"脱粒性"。对以自身的力量播撒种子的野生植物来说，脱粒性是极其重要的性质。如果种子成熟后不掉落到地面，恐怕自然界中的植物早就"断子绝孙"了。所以，"种子不掉落"这一性质对植物来说是致命的缺陷。

然而进化过程中总会有意外发生。在极小的概率下，一些种子发生基因突变而不掉落，这种性质叫"非脱粒性"。在远古时代的某一天，我们祖先中的某个人偶然间发现了这种极其稀少的植株，于是，人类历史上最伟大的发现便诞生了。

人类的文明就始于"一粒小麦"。

我们的祖先将发现的这些完好地待在麦秆上的小麦种子小心

地收集起来，在尝试了无数种方法后，终于发现把小麦种子碾成粉末便能当作粮食食用了。又是在无意间，人们发现在"非脱粒性"小麦种子掉落的地方，第二年又长出了新的麦芽。我们的祖先意识到，这些种子不仅能作为粮食，种到土地里还能长出新的植株。如果把种子取下来培育的话，或许可以增加这种麦子的数量，这样就可以确保稳定的粮食供应了。

这，就是农业的起源。

从事农业生产是重体力劳动

我们在畅想农业的起源时，自然会想知道农业究竟是在怎样的环境中发展起来的。是资源丰富的地方，还是资源匮乏的地方？

一般人肯定会认为，当然是接受大自然馈赠更多的地方农业更发达了。然而，事实却并非如此。

在自然资源丰富的地方，即使农业不发达，人类也完全能生存下去。比如，在亚热带的一些岛屿上，人们就算不拼命劳动，也能靠着数量众多的树木果实和海鱼解决温饱问题。从事农业生产是重体力劳动。如果不用务农也能生活，当然是再好不过了。因此，自然资源丰富的地方很难发展农业。

而自然资源匮乏的地方则不同。虽然从事农业生产是重体力劳动，但通过务农，人们可以在没有食物的地方制造食物。只要能获得食物，劳动就不苦。农业的投资回报率在资源匮乏的地区急剧增加。

畜牧业开始

农业是怎样开始的呢？

人类的起源、进化之谜至今仍未完全解开，但可以推测，人类的进化是在草原上完成的。一般认为，人类起源于非洲大陆东部。

由于地壳运动，非洲大陆分裂为东西两部分，形成了被称作东非大裂谷的巨大地堑，湿润的赤道西风被东非大裂谷所阻挡。在赤道西风无法抵达的东非大裂谷东部，气候干燥，茂密的森林逐渐演变成了草原。就在这片草原上，我们的祖先——森林中的类人猿——开始了向人类的进化。

草原上食物稀少，人类在如此严峻的环境中艰难地生活，并最终进化成功。走出草原的人类克服了逆境，足迹遍布各式各样的环境。

然而，世事无常。约2万年前到1万年前，地球的气候突然向着寒冷干燥转变，分散在各地的人们为了寻求更适宜的生活场所而聚集到河流附近。面对环境的挑战，许多人掌握了生存之道——农业。

在农业的发祥地美索不达米亚，其实最初发展起来的是以饲养家畜为主的畜牧业。如果能够饲养牛、羊等狩猎对象，人类就可以随时吃到肉了。而且，如果能够充分利用这个机会学会挤奶，人类就不用杀掉动物也能摄取营养了。

在当今社会，以饲养家畜为主的畜牧业在欧美国家依然非常发达。人类不能将禾本科植物的茎和叶作为粮食，所以就让植食性动物去吃禾本科植物，然后再把动物当作食物。

谷物含有碳水化合物的原因

非脱粒性小麦的发现，开启了人类的农业之路。

禾本科植物的种子主要储存的是碳水化合物，更适宜用作人类的粮食。禾本科植物的种子含有大量碳水化合物是有原因的。

种子含有的碳水化合物最初是为了产生让种子发芽的能量而储存的养分。除了碳水化合物之外，种子还含有蛋白质、脂类等营养物质。蛋白质是构成植物体的营养物质。脂类与碳水化合物一样，都是为发芽而储存的能源，只是与碳水化合物相比，脂类能够产生的能量更多。玉米油含有大量的脂类，其原料玉米的产量很高。芝麻、油菜籽等同样可以用来榨油，小小的种子里蕴含着神奇的发芽的能量。

大多数植物的种子里不仅含有碳水化合物，还含有蛋白质和脂类。但是，禾本科植物的种子里蛋白质和脂类含量很少，基本上都是碳水化合物。这是为什么呢？

蛋白质是构成植物体的基本物质，所以不仅对种子本身，对于母株来说也是极为重要的养分。另外，虽然脂类释放的能量很多，但相应地，形成脂类也需要消耗很多能量。也就是说，要让种子储存蛋白质和脂类，母株必须有更多的养分余量。

但在资源紧缺的草原上生存的禾本科植物却没有那么多养分余量，因此，禾木科植物被迫形成了一种非常简单的"生活方式"：将通过光合作用获得的碳水化合物原封不动地储存在种子中，生根发芽时就把这些碳水化合物作为能量来源。

还有一个原因是，禾本科植物在草原上不需要与大型植物竞争而奋力生长。长得越高大，就越容易成为被动物吃掉的目标。所以，禾本科植物的种子也没有必要储存蛋白质或者能量大的脂类。

就这样，禾本科植物的种子积累了丰富的碳水化合物。也正是这碳水化合物，成了对人类至关重要的粮食。

财富产生

禾本科植物含有碳水化合物。在唾液中酶的作用下，碳水化合物一经咀嚼就会变成糖。对人类来说，糖有着极具诱惑力的甜味，这种甜味给人们带来了陶醉感和幸福感。就这样，谷物征服了人类。

农业是一种可以稳定获得粮食的方法，但需要付出艰苦的劳动。也就是说，人类要持续地获取粮食，就必须要劳动。不论一个人多么强壮，多么伟大，在粮食面前，人人平等。

农业所带来的，不单单是粮食。

人类的胃大小是固定的，所以人类的食量是有限度的。虽然人的饭量有大小之分，但不管是食欲多么旺盛的人，只要吃饱了，就再也吃不下去了。如果在狩猎时代，一个人就算捕获了一只大猎物，他自己也吃不完，即使想利欲熏心地独占，结果也只能是让猎物腐烂掉。既然如此，倒不如在猎物多的时候分一些给其他人，其他人捕得多的时候再分给自己一些。在没有冰箱的古代，食物无法保存，大家一起分享更合理，也更能稳定而持续地保持食物供给。

种子也是一样。

种子不仅可以食用，还可以保存下来一部分，这样就为第二年的农耕留下了资本。

在遇到良好的发育条件之前，植物用种子来静待时机。换言之，种子就像一粒时间胶囊，不会立刻腐烂，而是在一段时间内一直休眠，不腐地生存下去。

种子这样的特点正好符合人类的需求。

植物的种子一时吃不完，可以保证来年的收成。由于种子易于保存，即使拥有的量多一些，处理起来也不会太麻烦。多余的种子意味着可以分享，可以换取一些生活用品。多出来的种子让人类意识到了一个概念——财富。也就是说，种子并不只是单纯的粮食，种子还是财产，是可以分配的财富。

最后，财富出现。

开弓没有回头箭

胃能容纳的量有限，通过农业得到的财富却是无限的。

农业越发展，人们就越能获得财富，越能增强实力。财富越多，人们就越追求财富，经营农业。

开弓没有回头箭。

虽然发展农业需要付出繁重的劳动，但一旦了解了农业，人类就再也无法选择不务农而悠闲度日了。可以说，已然没有人可以停止这个进程了。

通过发展农业，人口增加，村落相继建成，村落集中起来就会形成国家。拥有财富的人与没有财富的人之间产生了贫富差距，为了追求财富，人们开始争斗。

就这样，从一粒小麦开始，由于农业的魔力，人类开始渐渐地摆脱蛮荒，成为真正意义上的人类。

第二章

水稻

稻作文化创造了东亚文明

水稻原产于中国，后向西经印度传入欧洲，向东传入韩国、日本。水稻产量越高，就能养活越多的人口，随之而来也会积累更多的财富。

水稻在中国的地位

水稻原产于中国。

中国北方有四大文明之一的黄河文明，南方则有规模与四大文明相当的长江文明。黄河文明发展的是以谷子、大豆等为主的旱地耕作文化，而长江文明则是稻作文化更为发达。

一些历史资料证明，长江文明和黄河文明的起源时间不相上下。公元前 5 世纪，气候逐渐变冷，住在北方黄河流域的人们向着适宜农耕的温暖的南方地区迁移。当时的南方地区湖泊、河流众多，自然资源十分丰富，但地广人稀，农业开发相对于北方黄河流域较为落后。随着南迁陆续进行，长江流域的人口数量急剧增加。空前的人口压力有效刺激了农业的发展，于是，适宜在南方湿润环境下生长的水稻产量便大幅提高，很快便跃居非常重要的地位。

吴越争霸造就了日本的稻作文化？

之后，为了争夺有限的土地，追求更舒适的生活环境，北方黄河流域的人就与原先住在南方长江流域的人展开了持续不断的战斗，春秋战国时期的吴越争霸也与此紧密相关。

在这场名垂青史的吴越争霸战争中，吴王夫差打败了越王勾践，越国灭亡。战败的越国人一部分逃到了山岳地带，并在险峻的大山中开辟了梯田；还有一部分人被迫选择东渡出海，这群人最后漂流到了日本列岛。此时的日本正处于绳纹时代①后期到弥生时代初期，水稻刚传入日本，越国人带来的稻作技术相对成熟。从此，稻作便在日本列岛迅速扩展开来。

日本，可能是受中国稻作文化影响最深的国家。

为什么水稻对日本人如此重要？

水稻虽然在东南亚等地广泛种植，但只不过是众多作物中的一种。在食物丰富的热带地区，水稻就显得没那么重要了。从东南亚传来的水稻，种植地域的最北面正是日本列岛。

日本国土面积小，人口密度高，自然资源相对较少，粮食不

①　绳纹时代是日本石器时代后期，始于公元前 12000 年，结束于公元前 300 年。——本书脚注若无特别说明，均为译者注

足一直是一个紧迫的问题。日本用较长的时间引进了水稻。为了获取稳定的粮食供应，日本大力推广稻作，发展农业，水稻在日本逐渐成为最重要的作物。甚至可以说，日本文化及日本人自我身份认同的基础就在于稻作。

在水稻传入之前日本的食物

稻作传入日本以前，芋头是日本人的重要粮食。

在狩猎采集时代，日本人把能够提取淀粉的食物称为"Uri"。栗子（日语发音为 Kuri）、核桃（日语发音为 Kurumi）等的发音就是从"Uri"发展而来的。另外，百合的球根也是一种淀粉来源，百合（日语发音为 Yuri）的发音也是源于"Uri"。

芋头在中国、东南亚、太平洋区域也被广泛作为主食。芋头在很久很久以前就传入了日本，并且形成了一种具有特色的芋头文化圈。

如今，芋头被作为日本主食之一的痕迹仍然留存。例如，过新年的时候，有的地方人们会吃用糯米做成的年糕，同时，在新年菜肴中，也一定会有芋头；日本一些地区将中秋节称为芋头节，并且还保留着供奉芋头的习俗。

稻米营养价值高

稻米的营养价值非常高。除了碳水化合物，也含有较多的优质蛋白质，还有丰富的矿物质与维生素，各种营养物质达到了完美的均衡状态。

稻米唯一缺少的营养素，就是氨基酸中的赖氨酸，而大豆含有丰富的赖氨酸，所以稻米与大豆搭配食用，营养更全面。日本人习惯用米饭配味噌汤，这在营养学上是有一定道理的。

适宜稻作的亚洲季风带

种植水稻需要大量的水。幸运的是，亚洲很多地区都具备了种植水稻的优越条件。

季风就是指风向随季节有规律改变的风。从南亚的印度到东南亚，从中国南部到日本，都受到季风的影响，降水较多，所以这一地区被称为亚洲季风带。

在每年五月份左右，亚洲大陆气温升高，产生低气压，风就从印度洋上空的高气压区吹向大陆，形成季风。季风受到大陆上喜马拉雅山脉的阻挡后向东改变行进方向，湿润的季风就带来了降雨。此时亚洲各地处于雨季，特别是中国的长江中下游流域会进入梅雨季节，由此而形成的高温多雨的夏季气候非常适宜水稻的种植。

不仅如此，到了冬季，北风从大陆吹来。大陆吹来的风受到日本列岛山脉的阻挡后会形成云，在日本海一侧形成大量降雪。等到了春天，冰雪消融形成河流，丰沛的雪水也可以滋润大地。

开辟水田，展现人类智慧

尽管如此，事情也没有那么简单，不是雨水越多种植水稻就越容易。要种植水稻，必须要有能够储水的水田。然而，这却不是一件简单的事。以日本为例，日本地形的特征是山地陡峭，山间降雨会一泻而下流入平原，引起河流水位上涨导致水灾，所以，日本的平原地区多是一些人类无法居住的湿地地带。但如果住在高地，雨水又会流走，无法保证水田用水。因此，即便降雨很多，要开辟水田种植水稻却并不简单。

要开辟水田，必须要引导从山上流下来的河水淌到水田的每个角落。这样，从大河中引出小河，再从小河将水引到水田中，通过在水田中储水，山地降雨就不会一下子流到海洋中，而是慢慢地流动，滋润着大地。

人们付出了难以想象的劳动，花费了大量时间，将河流泛滥的平原改造成了水田。为了确保供水，还开凿了人工河。有人说："水田发挥着大坝的作用。"其实，这并不单是因为它的储水功能，还因为它可以将湍急的河流变缓，使河流在缓慢的流动中滋润大地，涵养地下水。

随着土木技术的不断发展，人们渐渐掌握了开凿护城河、筑造土堡垒、堆砌石城墙等的要领，并在山间也能开辟水田了，这就是"梯田"。

无论是哪种形式，处处都展现了人类非凡的智慧。

稻米成为货币的原因

其实，"稻米"不单是粮食，也是不折不扣的"货币"。开辟水田，生产稻米，这与创造金钱别无二致。用现在的话说，稻米代表着"金钱"，开辟能够产出稻米的水田，是有投资效果的。

特殊时期，稻米还能作为货币进行流通。比如，在战争后的混乱期，战时发行的纸币变成了毫无价值的废纸。相比之下，稻米可是实实在在的粮食。不管穷人还是富人，没有粮食就是死路一条，食物拥有最普遍的价值。由于粮食短缺，稻米远比货币或昂贵的首饰要有价值。

日本的江户时代就曾确立过用稻米发挥货币职能的经济体系，即米本位制。日本江户时代，虽然经济得到了发展，但自然灾害、饥荒依然存在。如果将经济活动的重点过多地置于货币上，就会产生腰缠万贯却惨遭饿死的结果。反之，如果将稻作作为经济发

展的中心，各藩为了搞活经济，就会致力于粮食增产，这样就能构筑起稳固的经济基础和稳定的粮食供给链。

越来越多的地区发展稻作的原因

水稻喜欢炎热、湿润的生长环境。在相同的耕作技术下，水稻的亩产量更高，往往是小麦等谷物产量的数倍。与小麦等其他作物相比，一粒水稻的选留稻种可以产出 700—1000 粒米，这是其他作物所不具备的惊人生产力。

在 15 世纪的欧洲，小麦种子的收获量只是播种量的 3—5 倍。与此相对，在 17 世纪江户时代的日本，水稻种子的收获量是播种量的 20—30 倍，水稻的确是生产效率极高的作物。如今，水稻的这个数字已经涨到了 110—140 倍。

水稻产量越高，就能养活越多的人口，也利于推广种植，随之而来也会积累更多的财富。

稻作不仅带来了稻米，还带来了制作青铜器、铁器等最先进的技术。这些先进的技术，也是促进稻作推广的又一个重要因素。用于稻作的土木技术和铁器制造技术被用于战争，立刻就成了至关重要的军事力量。人类文明又得到了繁荣和进步。

中国杂交水稻对全球的贡献

如今，稻米的产量仅次于玉米的产量，已是全世界第二。

稻作在全球分布广泛，主要集中在亚洲，其中中国的总产量位列首位，印度的种植面积最多。当前，中国水稻科技创新技术处于世界领先地位，尤其在杂交水稻育种领域，更是拥有无可撼动的技术优势。

杂交水稻是指用两种遗传上有差异的水稻品种进行杂交，生产出具有杂种优势的杂交种，用于生产。被誉为"杂交水稻之父"的袁隆平，一生都致力于杂交水稻研究，他先后成功研发出"三系法"杂交水稻，"两系法"杂交水稻，超级杂交稻一期、二期。他和他的团队攻关的超级稻育种项目，水稻产量屡次创世界纪录。中国用地球上 7% 的耕地养活了世界 22% 的人口。

第三章

胡椒

让欧洲人狂热追求的黑色黄金

在欧洲，家畜的肉是非常昂贵的食材，但肉容易腐败，无法长期保存。

『随时随地吃到美味的肉』是一种奢侈的生活，而香辛料是能够实现这种生活的『魔法药粉』。

价同黄金的植物

从前，有种说法叫"胡椒价同黄金"。

可能很多人看到这句话的时候会想，这种东西还会有这么大的价值？胡椒现在也不过是价格便宜的常见调味料而已。

自古以来，家畜的肉在欧洲是非常贵重的食材。在凉爽且干燥的气候条件下，禾本科的草原植物会繁茂生长。但是，禾本科植物的茎和叶不能当作人类的粮食，所以，人们就把禾本科植物用作植食性动物的牧草，然后把动物的肉作为食材。家畜的英文是"livestock"，字面意思就是"活的库存"。

然而到了冬天，没有可以供家畜食用的饲料。如今我们有将草进行乳酸菌发酵后的青贮饲料，或者是易于保存的谷物，但当时收割的牧草无法保存，所以不能保证冬季有充足的饲料。

因此，人们会在入冬前杀掉家畜吃肉。肉容易腐败，无法保存，但没办法，在冬季只能一点儿一点儿地吃这些肉，于是，人们只能采用风干、盐渍等方式。如果有香辛料的话，就能够让肉更新鲜，更好地保存其风味了。"随时随地吃到美味的肉"是一种奢侈的生活，而香辛料是能够实现这种生活的"魔法药粉"。

但是，对欧洲人来说，胡椒是难以买到的奢侈品。胡椒是原产于印度南部的热带植物，所以不能在中东的阿拉伯以及欧洲种植，当时只能通过陆路从印度千里迢迢地运输。当然，这会花费高昂的运费，而且不一定能安全地运达，导致胡椒价格走高；而且，胡椒从印度传到欧洲之前，只能通过阿拉伯商人或者威尼斯商人买到，这需要缴纳通行税，从而也导致价格高涨。由于上述原因，胡椒的价格高得惊人。

追求胡椒

13 世纪上半期西方军队东征后，欧洲的骑士们尝到了伊斯兰世界的食物。在那里，人们使用的是胡椒等香辛料。

后来，骑士们将胡椒等香辛料带回了祖国，这引起了中世纪欧洲人的渴求。

如果不用通过陆路，而是从印度通过海路直接将胡椒等香辛料运到欧洲的话，就能得到巨大的利益。估计所有希望得到胡椒的欧洲人都会这么想，但是，这只是一个不可能实现的梦想。

对于中世纪欧洲的船员们来说，他们日常进行贸易的海域主要就是地中海。

但对于葡萄牙和西班牙来说，在地中海开展贸易太难了，所以，他们把船都聚集到地中海的外围。然而，沿着非洲大陆海岸线航行却着实费了一番功夫。

在非洲西北部，有一个叫作博哈多尔角的小海角。船员们当时连这个小小的海角都无法渡过，对欧洲人来说，大海另一边是一个一旦渡过就无法生还的恐怖世界。

有一位勇猛果敢的航海者亨利王子行至海角，发现那里有象牙、沙金等有价值的交易品，并且非洲还有一种叫作梅莱盖塔胡椒（也叫几内亚胡椒、天堂椒）的植物，与胡椒的味道相似。梅莱盖塔胡椒是姜科植物，与胡椒科的胡椒是不同的，但已经足够当作香辛料来使用了。后来，进行这种梅莱盖塔胡椒交易的地方就被称为"胡椒海岸"。

亨利王子还将体魄强壮的黑人当作奴隶带了回去。这是"大航海时代"的开端，也是奴隶贸易这一段黑暗历史的开始。

终于，受葡萄牙国王之命，巴尔托洛梅乌·缪·迪亚士的船队抵达了非洲南端的好望角，发现了从大西洋到印度洋的航线。然而，就在这时，一个让葡萄牙大吃一惊的消息传来，那就是，1492 年，哥伦布宣布抵达了印度。西班牙被竞争对手葡萄牙抢了大航海时代的先机，为了对抗葡萄牙的东进航线，西班牙援助哥伦布开发西进航线。

现在我们都知道，哥伦布所到之处不是印度，而是美洲的西

印度群岛，但当时，哥伦布深信自己抵达的就是印度。

将世界一分为二的两个国家

虽然哥伦布没有到达印度，但西印度群岛也是一个资源丰富之地，所以，葡萄牙、西班牙竞相到新大陆探险，不断地开拓殖民地。

在哥伦布发现新大陆之前，葡萄牙、西班牙争夺霸权，两国船队所到之处纷争不断。为了解决这无休止的纷争，1494 年，经天主教教皇仲裁，西班牙与葡萄牙之间签订了《托德西利亚斯条约》。

此条约的缔结是在哥伦布发现新大陆两年后。

条约在大西洋上划了一条界线，西经 46° 37' 以东发现的土地全部归葡萄牙所有，而界线以西发现的土地则全部归西班牙所有。这样，葡萄牙得到了其早就强化了统治的非洲，而西班牙得到了刚刚被发现的未知土地——美洲大陆。由此，葡萄牙和西班牙二分天下，各自统治。

但是，从欧洲其他国家的角度看，这是一个令人不快的裁定。因此，这件事也成了荷兰、英国脱离天主教的导火索。

之后，西班牙加强了对美洲大陆的殖民统治。

印加帝国被西班牙人征服就是这一时期的事。现如今，中南美洲的许多国家都说西班牙语，只有南美洲的巴西说葡萄牙语，因为由葡萄牙探险家发现的巴西位于界线以东，所以巴西是葡萄牙的殖民地。

控制了美洲大陆的西班牙想要进一步打通西至亚洲的航线。

从美洲大陆西渡太平洋的是麦哲伦。麦哲伦虽是葡萄牙人，却接受了西班牙国王的命令横渡太平洋。遗憾的是，麦哲伦中途殒命，他的部下最终完成了环游世界的壮举。

大国没落

哥伦布抵达美洲大陆六年后，即 1498 年，葡萄牙人瓦斯科·达·伽马终于通过东向航线到达了印度。之后，葡萄牙为了求得胡椒，开始不断地向印度派出船队。

但是，获得了财富的葡萄牙逐渐没落了。

通过与非洲的贸易，黑人奴隶增多，葡萄牙的农民们渐渐丧失了劳动欲望，生产力低下。另外，钱财使政治和贵族阶层也腐败了。

另一方面，荷兰为了摆脱西班牙的统治，实现独立，需要大量的财富，因此，荷兰急需亚洲的香辛料。

葡萄牙向东到达亚洲，西班牙向西到达亚洲。不甘落后的荷兰、英国就想开辟第三条航线，那就是向北进入中国的北进航线。

但是，这条需要穿过北极圈的航线未能开辟成功。接着，英国又不断地去探求新航线，最终发现了澳大利亚和夏威夷群岛。

结果，荷兰与亚洲一些国家缔结了友好关系，扩大了邦交范围。

这其中是有原因的。西班牙、葡萄牙为了保持本国贸易的垄断，就对亚洲各国说，欧洲只有西班牙人和葡萄牙人，荷兰人是野蛮人。为了消除坏名声，荷兰决心致力于与当地的君主深化友好合作关系。

此外，看到进行残暴征服与强制殖民统治的西班牙、葡萄牙这两个大国转眼之间没落，荷兰、英国也非常注意改善对殖民地的统治。

终于，英国击败了西班牙的无敌舰队，荷兰也在东印度群岛 ① 打败了葡萄牙。世界霸权转移到了英国和荷兰手中。

荷兰的贸易统治

荷兰一直受到西班牙的贸易封锁，唯一的依靠葡萄牙如果被西班牙兼并的话，香辛料就很难得到了。所以，荷兰需要独立获取香辛料。

---

① 公元 15 世纪前后欧洲对东南亚盛产香料的岛屿的泛称。

但是，由于许多商社为了购入胡椒而互相竞争，胡椒在产地的价格高涨；而荷兰国内争相售卖胡椒，胡椒的价格又下跌。因此，荷兰召集了多家商社成立了大规模的公司，打算垄断贸易权。这就是荷兰东印度公司①。

胡椒的价格之所以高，是因为从亚洲运到欧洲的成本高昂。随着航海技术的进步，胡椒能够稳定地运到欧洲，胡椒的价格逐渐下跌。特别是工业革命兴起，诞生了蒸汽船，大量的胡椒运抵欧洲，所以，胡椒的价格开始下跌。

胡椒是保存肉的必需品，但是，对生活奢侈的贵族来说，只要出钱，随时都能吃到新鲜的肉。实际上，胡椒不只是实用的保鲜材料，更是一种身份的象征。

后来，各种各样的香辛料代替胡椒进入欧洲。于是，曾经如同黄金的胡椒的价格急剧下跌。也因此，荷兰东印度公司将目光投向了另一种交易品，这就是后面会介绍的"茶"。

---

① 东印度公司是具有国家职能、向东方进行殖民掠夺和垄断贸易的商业公司。英国最先于 1600 年 12 月 31 日成立了不列颠东印度公司，也叫英国东印度公司。荷兰东印度公司于 1602 年 3 月 20 日成立。

热带多香辛料的原因

欧洲人追求的印度香辛料不只是胡椒，还有丁香、肉桂、肉豆蔻、姜等。

为什么欧洲人需要的香辛料在欧洲没有，在遥远的印度却产量丰富呢？

香辛料所带的辛味成分最初是植物为了保护自己免遭病菌或害虫侵害而积攒下来的，但凉爽的欧洲害虫很少。而在气温高的热带地区或者湿度大的亚洲季风地区，病菌和害虫较多，因此，植物就产生了辛味成分。

咖喱饭的诞生

说到咖喱，人们会想到印度，但最初做出咖喱饭的却是英国。

咖喱的语源不明，有观点认为其来自泰米尔语中表示蔬菜和肉等馅料的"kari"，也有观点称"kari"是指撒在米饭上的酱料。

作为英国的殖民地，印度把使用香辛料的料理统称为"咖喱"，并从印度米和香辛料混合后的名为 G-masala 的菜中衍生出了咖喱饭。印度北部吃馕，南部吃米。将咖喱介绍到英国去的黑斯廷斯（后来成为第一任印度总督）当时驻扎在吃米的孟加拉地区，所以将咖喱饭解释为一种将米饭和炖咖喱混在一起的食物。

　　可能大家会觉得英国人吃米饭有些别扭，但对英国人来说，与其说米饭是主食，倒不如说和吃蔬菜是一样的感觉。所以，英国人并不抵触这种将炖咖喱浇在米饭上的"咖喱·饭"。

　　后来，英国开发出了将香辛料组合在一起的咖喱粉。咖喱粉的发明让咖喱成了一种简易快餐，英国的船员们还会用易保存的咖喱粉代替易变质的牛奶来炖肉。这炖肉里就放入了航海食品中不可或缺的马铃薯。

　　这样一来，咖喱饭成了英国海军的军队餐。

　　在印度，咖喱没有勾芡，是汤状的。据说英国的海军为了应对船只摇晃，才对咖喱进行了勾芡处理。

香料之路

　　人们都知道"丝绸之路"，但知道"香料之路"的人却很少。"香料之路"起点是盛产香料的东南亚，终点是欧洲。

　　在古代，中国人就已经在用各种方式制香用香了。古人在香囊中都会装有用来香身的香品，"衣香"配方像现代的香水一样。从唐代中后期开始，海上丝绸之路逐渐取代了陆上丝绸之路，成为中外贸易的主要通道，数量更多的香料得以从海路输入中国。到了宋代，古人的用香需求增加，犀角、玳瑁、乳香、沉香、龙脑、檀香、胡椒等药材纷纷传入中国，宋朝的海上香料贸易更加发达。因航海技术高度发达，从海上丝绸之路运往中国的物品中，香料占有很大的比重，因而这条海路也常被称为香料之路。

香料与人类的生活息息相关。从古至今，香料的文化角色一直都在极大地丰富着人们的生活。

第四章

辣椒

哥伦布的苦恼与亚洲的狂热

哥伦布把在美洲大陆发现的辣椒称为『pepper』（胡椒）。

但是，他真的不知道胡椒的味道吗？

这其中隐藏着他的苦恼。

哥伦布的苦恼

胡椒的英文是"pepper"。辣椒的英文是"hot pepper"（辣胡椒）或者"red pepper"（红胡椒）。另外，辣椒改良后的青椒则是"sweet pepper"（甜胡椒）。

但说起来，胡椒与辣椒一点儿都不像，是完全不同的两种植物。胡椒是胡椒科的蔓生植物，而辣椒与茄子和番茄一样，是茄科植物。

那胡椒与辣椒的味道像不像呢？一点儿也不像。胡椒的味道是带着香味的刺激性辣味，而辣椒则是辣到似要喷火。

为什么胡椒和辣椒完全不同，还把辣椒的名字取得像是胡椒的一种呢？

不同种类的胡椒和辣椒为什么会被当成同类对待呢？

其中会不会隐藏着发现了美洲大陆的哥伦布的苦恼呢？

发现美洲大陆

出生于意大利的探险家哥伦布为了到达印度，从西班牙出发，在大西洋航行。他虽然未能抵达印度，却在 1492 年发现了美洲大陆。

不过，哥伦布一直坚信自己到达的地方就是印度，所以，美洲大陆的原住民被称为印第安人，加勒比海域的群岛也被命名为西印度群岛。

在我们这些知道世界地图的现代人看来，将美洲大陆与印度弄错真是难以置信。但在当时，从大西洋向西航行确实应该到达印度，而且，对当时的欧洲人来说，印度完全是一块未知的土地，所以，哥伦布将最初到达的陆地错认为是印度也情有可原。

然而，哥伦布弄错的还不止这一点。

哥伦布航海的目的是寻找将胡椒直接从印度运往西班牙的航线。当时，保存肉类时必不可少的胡椒从亚洲各地集中到印度，再经阿拉伯商人之手运往欧洲。

被阿拉伯商人垄断的胡椒价格高昂，甚至价同黄金。于是，哥伦布将在美洲大陆发现的辣椒一厢情愿地称为具有胡椒意思的"pepper"。

因为胡椒是产于热带的植物，所以不知道胡椒这一植物也在情理之中。事实上，即使是胡椒已成一种常见调味料的今天，恐怕也没多少人知道胡椒是像牵牛花那样攀缘生长的植物吧。

但是，为了获得胡椒而出海的哥伦布真的不知道胡椒的味道吗？

是不是也可以这么想——当然这是臆测——这是哥伦布有意弄错的呢？

或许并不是只有哥伦布一个人想到从大西洋向西也许可以抵达印度。然而，实际去探索需要巨额的资金，于是，哥伦布说服了西班牙的伊莎贝拉女王，使其提供巨额的资金援助。哥伦布说服伊莎贝拉女王的筹码就是新航路的香辛料贸易会带来巨大财富以及黄金之国的诱惑。

夸下如此海口，接受了资金援助，事到临头也不好意思说自己没到达印度。可能由于这个原因，他才硬要将辣椒称为"pepper"吧。在发现美洲大陆之后，哥伦布仍然坚称自己发现的是印度，到死都在继续着对美洲大陆的探险，像是要找到那记载中的黄金之国。

就这样，哥伦布将辣椒带回了欧洲。遗憾的是，哥伦布千辛万苦带回的辣椒太辣了，与胡椒的味道不同，所以没有被认可为胡椒的替代品。欧洲人没有接受辣椒。

在亚洲广泛种植的辣椒

争夺世界霸权的西班牙和葡萄牙于 1494 年签订了《托德西利

亚斯条约》，条约规定两国将共同垄断欧洲之外的世界，同意在佛得角群岛以西 370 里格（约 1770 千米）处划定两国势力分界线，分界线以西归西班牙，以东归葡萄牙。这样，西班牙加速了美洲大陆的殖民化进程。

1498 年，瓦斯科·达·伽马在葡萄牙国王的命令下，发现了从非洲的好望角到印度的航线，将交易从非洲扩大到亚洲。

然而在 1500 年，葡萄牙人卡布拉尔到达了南美洲东岸。这块土地位于与西班牙划定的界线以东，现在是巴西的一部分。所以，巴西成了葡萄牙的领地。

那么，为什么本该统治界线以东地区的葡萄牙船员会到达美洲大陆上的新土地呢？有记录说他是向东朝着印度航行的，却被洋流改变了方向，但真相究竟如何还不清楚。

不管怎样，葡萄牙成功地在美洲大陆上拥有了土地。接着，葡萄牙人发现了原产于美洲大陆的植物——辣椒。

欧洲人没有接受的辣椒对船员们来说可是起了很大作用。当时船员们为坏血病所困扰，其原因就是维生素 C 摄入不足。因此，维生素 C 含量丰富的辣椒成了长期航行时囤于船上的必备品。

通过葡萄牙的贸易路线，辣椒被传到了亚洲和非洲。

欧洲人不喜欢的辣椒在非洲和亚洲却被迅速地搬上了餐桌。

辣椒为了防止被害虫啃食而带有的辣味使其有助于保存食材和饭菜。而且，在酷热的非洲和亚洲各国，为了提振因炎热而消退的食欲，需要用到各种各样的香辛料。所以，作为众多香辛料中的一种，辣椒自然而然地被大家接受了。

辣椒作为一种香辛料被大家接受，并最终压倒了胡椒等其他香辛料，确立了主导地位。

印度的咖喱最初是使用胡椒等香辛料的，但如今，辣椒成了做咖喱时必不可少的调味品。

以泰国料理绿咖喱、冬荫功等为代表，东南亚料理的一个特点就是会放很多辣椒。另外，像中国四川菜那样，辣元素也必不可少。

辣椒营养价值高，可以促进排汗，特别适宜在炎热的地区食用。

植物中具有诱惑力的成分

为什么辣椒会俘获这么多亚洲人的芳心呢？

像大麻的原料大麻叶，吗啡、海洛因 ① 的原料罂粟一样，有些植物中会含有毒性成分。

不只是毒品，烟草的原料——茄科的红花烟草——含有一种叫尼古丁的生物碱，尼古丁也是毒性很强的物质。

咖啡、茶、可可被称为世界三大饮品，为全世界的人们所爱。

---

① 　大麻、吗啡、海洛因是毒品，请远离毒品。

咖啡是用茜草科的咖啡树的种子制作的，茶是用山茶科的茶叶制作的，可可是用梧桐科的可可树的种子制作的。

这三大饮品都含有一种共同的物质——咖啡因。咖啡因也是有毒生物碱的一种，最初是植物为了防止被昆虫及其他动物啃食而产生的防御物质。咖啡因的化学结构与尼古丁和吗啡很相似，都有令神经兴奋的作用。

咖啡因和香烟中的尼古丁一样，都具有成瘾性。地球上植物千千万，可世界上的人们偏偏对含有咖啡因的植物着迷。

含有咖啡因的还不只是饮品。与可可一样，用可可树的果实制成的巧克力也含有咖啡因。另外，有一种叫可乐果的植物与可可树同属梧桐科，可乐果的果实就是我们喝的可乐的原料，可乐果也是一种含有咖啡因的植物。

当然，与毒品有关的行为都是违法的，但适度地饮用咖啡和可乐可以放松身心，保养元气。不过，它们多多少少都有一些成瘾性的成分在诱惑着人类。

辣椒的魔力

那么，辣椒又如何呢？

辣椒的辣味成分是辣椒素。辣椒素最初也是为了防止被动物啃食而产生的。人们食用辣椒后，辣椒素会刺激内脏神经，促进肾上腺素的分泌，加快血液循环。

话说回来，虽然人们食用辣椒后会觉得辣，可奇怪的是，在人类的味觉中，却没有"辣"。

人类的味觉是为了生存下去而获得重要信息的方式。比如，苦味是为了辨别是否有毒，酸味是为了辨别是否腐败。另外，人类进化前，果实是猿人的食物，甜味就是为了辨别果实的成熟度。但是，人类的舌头上却没有感知辣味的部分。

那么，我们感到的辣椒的辣味是从何而来的呢？

其实，辣椒素强烈刺激舌头，我们感到的是痛觉。也就是说，辣椒素的"辣"实际上是"痛"。于是，我们的身体就会快速消化、分解疼痛的来源，让肠胃加快蠕动。这也就是辣椒可以提振食欲的原因所在。

还有，为了将辣椒素无毒化分解并排出体外，我们的身体会调动各种机能，加快血液流动，排出汗液。

不仅如此，辣椒素会让大脑感觉到身体出现了异常情况，甚至会分泌内啡肽。

内啡肽也被称为脑内啡，与毒品吗啡具有同样的镇痛作用，能够缓解疲劳和疼痛。换句话说，大脑受到辣椒素引起的痛觉刺激后，判断身体遭受痛苦，处于非正常状态，为了缓解痛楚而分泌内啡肽。结果，我们会产生陶醉感，感到难以忘怀的快乐。

就这样，人类成了辣椒的俘虏。

替代了胡椒的辣椒

其实，胡椒也具有和辣椒的辣椒素相同的辣味成分。

胡椒的辣味成分是胡椒碱，与辣椒里的辣椒素有着相似的化学性质，能够产生与辣椒素相同的效果。

欧洲人曾将胡椒与黄金同等看待，对其视若珍宝。这并不只是因为胡椒数量稀少，也有人们被胡椒的辣味所吸引的原因。

辣椒的辣度大约是胡椒的一百倍。辣度越高，人的身体分泌的内啡肽越多，就越能产生快感。所以，在用惯了香辛料的亚洲各国，辣椒转眼间就风靡开来。

不可思议的红色果实

辣椒真是一种不可思议的果实。

很多植物的果实之所以是红色，就是为了吸引鸟类前来，让其吃下果实后将种子传播出去。因此，未成熟的果实是绿色的且带有苦味，而成熟的果实会变甜。

然而……

辣椒虽是红色的，却一点儿也不甜，甚至像是为了拒绝被吃掉一样，是辣的。实际上，野生动物也确实不吃辣的辣椒。

红色的果实是甜的——这是自然界的植物和鸟类达成的约定。

但是，在辣味食物风靡的现代社会，零食、拉面等特辣的食品都被设计成一看就很辣的红色。如今，红色已然不是"甜"的象征，而是"辣"的代名词。

辣椒与其他果实一样，未成熟时是绿色，成熟后会变红。也就是说，辣椒也传达出了"欢迎食用"的信号。

只是，辣椒也在精心挑选来吃自己的对象。

猴子之类的哺乳动物无法食用辣椒，但鸟类却可以满不在乎地食用辣椒。即使喂鸡吃看上去很辣的辣椒，鸡也会很高兴地啄食。鸟类没有感知辣椒的辣味成分的受体，所以感觉不到辣。对鸟类来说，辣椒、番茄和草莓一样都是甜美的果实。

辣椒选择了鸟类传播其种子，而不是其他动物。鸟类翱翔于天空，比其他动物活动的范围更广，可以把种子带到更远的地方。另外，鸟类是将果实囫囵吞下的，不像动物那样会将种子嚼碎，而且鸟类的消化道比动物短，种子可以不经消化完整地排出体外。因此，辣椒会对其他动物产生防御反应，却与鸟类相安无事，真是一种奇妙的防御植物啊！

传到日本的辣椒

在亚洲各地，由于辣椒被用来做菜，因而被广泛种植。原产于热带的胡椒可种植地区有限，但辣椒能在温带地区生长，可以被广泛种植。

1492 年哥伦布发现美洲大陆后，仅仅半个世纪，辣椒就传到了东亚的日本。

辣椒在日本汉字中写作"唐辛子"，意思就是从中国传来的芥末。当时，许多葡萄牙的船是途经中国后再来到日本，所以起了这个名字。

抵达日本的葡萄牙船为日本带来了各种各样的珍稀植物，其中有不少是从美洲大陆带来的。

马铃薯最早被叫作"雅加达芋"，雅加达就是现在印度尼西亚的首都。马铃薯是原产于南美洲的作物，因由在雅加达停泊过的葡萄牙船带入，故有此称呼。当时的船满载马铃薯航行。马铃薯不只是粮食，也因为含有较多的维生素 C，可以预防在长期航海中由于维生素 C 摄入不足而引起的坏血病。

从中国的港口带入日本的东西也有很多。红薯在日语里被称为"萨摩芋"，就是由于从萨摩国（现在日本的鹿儿岛县）传至全日本而得名。红薯在九州曾被称为"唐芋"，就是指这是从中国传来的芋头。不过，红薯是原产于中美洲的作物。

玉米是原产于南美洲的作物，也由于其是从中国传来的蜀黍（杂粮）而得名"唐蜀黍"。此外，南瓜的别名是"南京"。南瓜原产于美洲大陆，最后也以中国沿江城市的名字来命名了。

对当时的日本人来说，从外国传来的东西就等同于从中国传来的东西。这种观念根深蒂固。

日本各地也都种植辣椒，在制作腌菜时会放入，或用于制作七香辣椒粉之类的调味料。

但是，令人讶异的是，风靡世界的辣椒却没有那么广泛地出现在日本人的饭桌上。

因为日本重视食材的新鲜度，有着尽量保持素材原汁原味这一独特的饮食文化。辣椒的辣味一边倒地盖过了其他味道，导致尝不出食材本身的味道，所以需求量不大。

泡菜与辣椒

日本与韩国互为邻国，有着许多相似之处，但有一项较大的差别就是料理的辣度。韩国料理会使用很多辣椒，泡菜、辣酱就是其代表。

日本将辣椒称为"唐辛子"，而韩国的古书中则记载为"倭辛子"，意思是说，辣椒是从日本传入韩国的。

有一种说法是，16 世纪末，丰臣秀吉向朝鲜出兵时，加藤清正的军队将辣椒当作药物使用，还将辣椒放在袜子的脚尖处用来预防冻疮，从而传入了当时的朝鲜王朝。

就像我们从来不知道流行服装是从谁开始，如何传播一样，辣椒等植物通过各种各样的途径传入、传播，所以它们的传播路线是非常复杂的。

最初从日本九州传入朝鲜半岛的东西，也存在着从朝鲜半岛传到日本的逆输入现象。辣椒是在日本派兵打朝鲜的时候在日本全国传播开来的，可能是被派到朝鲜的士兵们又把九州的士兵们使用过的辣椒带回了各自的家乡吧。文化的传播一向如此。

就这样，传到日本和韩国的辣椒在韩国绽放出了辣椒饮食文化的花朵，而在日本却没有。

我们可以认为，这与历史事件是有关的。

在中国的元朝时期，为了扩大疆土，元朝曾向朝鲜半岛和日本发起过战争。很快，朝鲜半岛已全部处在元朝的统治之下。

元朝人民喜食肉。朝鲜半岛原本信奉佛教而禁止食肉，但后来渐渐地在元朝的统治下也习惯了食肉。在烹饪肉食的过程中，辣椒、胡椒等香辛料也传入了朝鲜半岛，当地的居民也渐渐接受了辣椒的调味功能。所以韩国和中国、欧洲各国相同，为了保存肉类，香辛料是必需品，辣椒也是不可或缺的。现在一提到韩国料理，人们首先想到的就是烤肉、五花肉等肉菜。

而当时正处于镰仓时代末期的日本，抵挡住了元朝的进攻，也因此，日本仍然保持着佛教禁止食肉的传统，所以辣椒就没有像在朝鲜半岛那样广泛传播开来。

从亚洲到欧洲

正如前面所说，由欧洲人传到亚洲的辣椒在转眼之间就风靡亚洲，极为自然地被纳入了当地的饮食中，亚洲人几乎忘记了辣椒原来是从外国传入的作物。甚至对欧洲人来说，一到亚洲就普及开来的辣椒仿佛就是原产于亚洲的一种香辛料。其实，从亚洲返航的船队向欧洲人介绍了他们在亚洲发现的新的香辛料，在植物志中被称为"India pepper"（印度的胡椒）。

对于追求高价胡椒的欧洲人来说，比起新大陆上未曾见过的新奇植物，亚洲的香辛料才更有价值。因此，辣椒也渐渐地在欧洲流行了起来。

只是，辣椒的辣度不对欧洲人的胃口，所以，人们选择辣椒中那些辣度低的品种进行培育，并在欧洲推广开来。

青椒、彩椒就是辣椒中的两种。

绿色的青椒展现的是一副未成熟的样子。植物的果实成熟后，颜色会变得鲜艳，味道会变甜，而没有成熟时会带有苦味物质以防被吃掉。青椒就是一种为了让动物品尝其苦味的作物。实际上，青椒成熟后会变得通红，苦味也会消失。

而彩椒是甜椒的一种，辣椒属，熟透后再进行售卖，所以色泽鲜艳，口味甘甜。顺便提一句，红灯笼椒（paprika）源自匈牙利语中的黑胡椒一词。真是处处皆留有胡椒的痕迹啊！

第五章

马铃薯

造就了美国的「恶魔植物」

在爱尔兰，一场马铃薯晚疫病突如其来。由于大饥荒，无粮可食的人们背井离乡，将目光投向了新天地——美国。移居的爱尔兰人的子孙中，成功人士辈出。

玛丽·安托瓦内特钟爱的花

"没有面包的话，吃蛋糕不就好了？"玛丽·安托瓦内特听闻蒙受饥荒后，轻蔑地看着处于水深火热中的臣民们如此说。终于，玛丽·安托瓦内特引起了众怒，在法国大革命中被架上了公开行刑的断头台。

以法国大革命史实为基础创作的漫画《凡尔赛的玫瑰》将玛丽·安托瓦内特比作盛开在宫殿中的高高在上的玫瑰。据说，玛丽·安托瓦内特确实有一种无比钟爱的花。

但这种花既不是漫画名字当中的玫瑰，也不是连载《凡尔赛的玫瑰》的杂志的名称——《玛格丽特》。

她钟爱的花，是马铃薯的花。

为什么这位高贵的王后玛丽·安托瓦内特会钟爱马铃薯的花呢？这其中的缘由颇深。

见所未见的作物

马铃薯也叫土豆，它的原产地是南美洲的安第斯山脉。

哥伦布发现美洲大陆，这成了马铃薯传往欧洲的契机。不过，哥伦布探索的是沿海地带，所以他并没有发现种植在山地中的马铃薯。美洲大陆被发现后，欧洲人造访南美洲，在 16 世纪才将马铃薯带回了欧洲。

现代欧洲料理中，马铃薯必不可少。对于土地贫瘠只能种麦类的欧洲来说，贫瘠的土地亦能栽种的马铃薯简直就像救世主一样。

如今在欧洲，马铃薯已是一种不可或缺的食材，其代表就是德国料理。

但是，当时这种从未有人见过也从未有人听说过的美洲大陆的作物可不是那么容易就被欧洲人接受的。

在欧洲，最初是没有"芋"的。

芋多见于干湿分明的热带地区。雨季，芋的枝叶不断繁茂，并将营养物质贮存于地下的球茎中，为度过旱季做准备。

譬如，马铃薯原产于南美洲的安第斯山脉地区。安第斯山脉地区海拔高，气候凉爽，属热带气候，分明显的干湿两季。另外，红薯也原产于中美洲——美洲大陆的热带气候区。日本人很熟悉的芋头、魔芋原产于东南亚，山药原产于中国南方。木薯淀粉的原料——著名的木薯——也是原产于属热带气候的中南美洲。

而欧洲的农耕地带属地中海气候，冬季多雨，夏季干燥，因此，植物多在冬季降雨的时候生长。说起来，地中海沿岸地区的主要作物小麦就是在秋季播种的越冬作物。而且，像萝卜、芜菁这样的根菜类作物比较普遍，它们的茎长不高，而是在地面附近展开叶片进行光合作用，将营养物质贮存于地下的根部。

所以，欧洲人只见过萝卜等根菜类作物，却没见过马铃薯等薯芋类作物。

"恶魔植物"

由于不认识马铃薯，有些欧洲人甚至会误以为马铃薯的块茎不能吃，而食用马铃薯的芽或者绿色部分。这可是一个严重的错误。

马铃薯的芽以及变绿的部分是不能吃的。马铃薯的块茎无毒，但发芽后却会产生一种叫茄碱的有毒物质。茄碱能引起眩晕、呕吐等中毒症状，其致死量仅为400毫克，属剧毒。

马铃薯属于茄科植物，而许多茄科植物是有毒的。马铃薯的叶是有毒的。

据说曾被女巫使用过的有毒植物天仙子、颠茄、曼陀罗都是茄科植物。传说食用有毒的茄科植物后会产生幻觉。在日本有"鬼见草"之称的东莨菪也是茄科植物。此外，茄科植物中的白曼陀罗、酸浆也是有毒植物。

马铃薯中毒事件屡见不鲜，所以在人们脑海中，马铃薯是有毒植物这一观念就挥之不去了。

另外，马铃薯那坑坑洼洼的丑陋外表也让谣言四散，说吃了它就会得麻风病。

再者，马铃薯是"没被写进《圣经》的植物"。《圣经》中说，上帝创造了以种子繁殖的植物，但是，马铃薯用块茎而不是用种子繁殖。对于欧洲人来说，以块茎繁殖的马铃薯就是一种"异端"。在西方，没被写进《圣经》的植物就是"恶魔"，所以，马铃薯被贴上了"恶魔植物"的标签。

中世纪的欧洲是一个盛行女巫审判的时代。

终于，到了"恶魔植物"马铃薯被审判的时候。世界上的生物大都是以雌雄二体繁衍后代，而马铃薯却可以只靠种薯就可以繁殖。这被认为是性的不纯洁，马铃薯因此被判有罪。但大家不用害怕，人们所用的刑罚就是"火刑"。烤得恰到好处的马铃薯散发出了诱人的香味，人们真的会对此无动于衷吗？

推广马铃薯

被称为"恶魔植物"的马铃薯没有被当作粮食，而是多用作珍贵的观赏植物来种植。

也有一些有识之士评论说，在安第斯山脉这样贫瘠的土地上也能收获的马铃薯是非常重要的一种粮食，而且在山地中生长的马铃薯在气候凉爽的欧洲也能种植，是很特殊的一种芋。

接下来，长期苦于粮食歉收问题的欧洲就开始了普及马铃薯的挑战。那么，该怎样推广这"恶魔植物"呢？

将马铃薯推广开来的，是英国的伊丽莎白一世。

伊丽莎白一世主办了马铃薯派对，首先在上流阶层推广马铃薯。然而，不认识马铃薯的厨师们使用了马铃薯的叶和茎来做菜，导致伊丽莎白一世茄碱中毒。

这样一来，大家对马铃薯是有毒植物的印象更为深刻，这也阻碍了马铃薯的普及。

马铃薯养活了德国

对于气候凉爽的德国北部地区来说，如何战胜饥饿是一个大课题。在中世纪的欧洲，邻国间纷争不断，粮食不足导致军队战斗力低下，因此，普及马铃薯是一个非常重要的任务。

于是，普鲁士（位于现在德国北部）国王腓特烈二世致力于普及马铃薯。他每天都吃人们讨厌的马铃薯，奔走于各地开展马铃薯普及运动，还煞有介事地让军队守卫马铃薯田，引起人们的好奇。甚至有时会用武力强制农民种植马铃薯，违者会受到割掉鼻子和耳朵的刑罚，特别恐怖。不过，也正因为这些努力，德国很早就普及了马铃薯的种植。

现在，马铃薯已是德国料理中必不可少的食材了。

德式煎土豆诞生

在日本的居酒屋中，有一道必点的德国料理是德式煎土豆。这并不是德国人叫出来的，而是其他国家的人以此来表示这是一种"德国风味的料理"。就像日本当地人叫的"御好烧"或者"日式炒面"，而其他地方的人会叫"广岛烧"或者"富士宫炒面"一样。

我们可以看到德式煎土豆是马铃薯与香肠或者培根搭配在一起，这在德国的家庭料理中是很常见的。

马铃薯并不仅是人类的粮食。

欧洲有畜牧文化。但是，在天寒地冻、大雪封城的德国北部，到了冬天，家畜的饲料——牧草——会被吃光。如果没有充足的牧草，牛就不能产出足够的奶。所以，人们只能用储备的牧草饲养少量的家畜，将夏天挤好的牛奶做成易保存的奶酪，作为冬天的蛋白质来源。

然而，马铃薯易保存，在冬天也能作为粮食。而且，产量丰富的马铃薯也可作为家畜的饲料。

遗憾的是，牛不能食用马铃薯，不过有其他能用马铃薯饲养的家畜，那就是猪。用猪肉制作的培根、火腿、香肠等，与马铃薯一起装点了德国人的饭桌。

一直以来，欧洲人都只吃谷物，而马铃薯也成了让肉食在欧洲推广开来的原因。

路易十六的策略

当时已在欧洲国家推广的马铃薯在法国却还没有普及。而在法国推广马铃薯的第一人是巴孟泰尔男爵。在法国与普鲁士进行七年战争时，成了德国俘虏的巴孟泰尔就是吃德国的重要粮食——马铃薯——才活了下来。

欧洲遭遇大饥荒时，法国以悬赏的方式募集代替小麦的救灾粮。此时，巴孟泰尔提出了普及马铃薯的建议。

按照他的建议，路易十六在纽扣孔里别上马铃薯的花。王后玛丽·安托瓦内特也戴着马铃薯花饰品，大大地宣传了马铃薯。其效果是空前的，马铃薯被用作美丽的观赏用花在法国上流阶层中广泛种植，王侯贵胄竞相在庭院中种植马铃薯。

接着，路易十六与巴孟泰尔男爵在"国营农场"进行了马铃薯的种植演示，还张贴出了"此物名曰马铃薯，味鲜美，富有营养，乃王侯贵胄之食粮，有盗而食之者，严惩不贷"的告示，煞有介事地命人看守。

明明是想让马铃薯在老百姓中间普及，为什么要摆出一副想要独占的样子呢？其实，这正是路易十六等人的巧妙策略。

"国营农场"虽然在白天守卫森严，但到了晚上就松懈下来。被好奇心驱使的人们在深夜侵入田地，不断地盗出马铃薯。就这样，马铃薯在老百姓中间传播开来。

如花瓣凋零的王后

玛丽·安托瓦内特臭名昭著，路易十六又是个"妻管严"。穷奢极欲的两人激起了众怒，最终在法国大革命中被处死。但是，最近有研究表明，当时的恶评大多是中伤和谣言，甚至有一种重新评价他们是为国民着想的仁慈之君的倾向。

有观点称，本章开头的"没有面包的话，吃蛋糕不就好了？"这句话实际上不是玛丽·安托瓦内特说的，而是路易十六的姑姑维克托瓦尔内亲王说的。而且，原话是"吃奶油蛋糕就好了"。虽然奶油蛋糕现在是很贵的点心，但当时的价格只是面包的一半。

路易十六、玛丽·安托瓦内特等到底是什么样的人，如今已不可考。但有一点可以明确，他们是为了救国民于饥饿之中，竭尽全力普及马铃薯的人。

历史是由胜利者写成的。

将人们从饥饿中拯救出来的钟爱马铃薯花的王后，最终在断头台上像玫瑰的花瓣一样四散凋零了。

肉食的开端

通过在欧洲各国推广马铃薯，欧洲国家迅速提升了国力。在此之前，由于气候寒冷，无法获得足够的粮食。要提升国力，只能扩张领土，但如果战争不断，田地就会荒芜，贫困和饥饿会越发严重。

马铃薯却可以在小麦无法生长的寒冷的气候条件下，在贫瘠的土地中大量繁殖。而且即使田地成了战场，小麦全部被毁，地下的马铃薯还是可以保证一些收成的。

摆脱了饥饿，粮食供给稳定下来的欧洲各国的人口开始增加。劳动者的增加为后来工业革命和工业化打下了基础。

不仅如此，马铃薯还深深地影响了欧洲人的饮食生活。由于马铃薯的作用，在欧洲食肉成为可能。

欧洲虽然是畜牧文化圈，但却没有余量供人们随心所欲地吃肉。马要拉马车，运货物，牛要拉犁、耕田进行农耕。顶多就是挤牛奶喝，而不能杀掉牛吃肉。另外，在原产于亚洲的棉花传入欧洲以前，羊毛是制作衣服的重要原料，所以羊肉也吃不得。

但是，像之前说的德国那样，易于保存、产量丰富的马铃薯成了猪的饲料。在此之前人们也养猪吃肉，虽然可以一直从春养到秋，但到了冬天没有饲料，就养不了太多。而且吃猪肉的方法只有将仅有的猪肉用盐腌渍后食用。

然而，有了马铃薯，就能在一年之中饲养许多猪。

再者，由于马铃薯成了粮食，此前人们吃的大麦、黑麦等麦类就成了牛的饲料。

就这样，欧洲各国在冬季也能吃到新鲜的猪肉和牛肉了。后来，各式各样的肉菜丰富起来，欧洲各国成了肉食文化流行的国家。

大航海时代的必需品

马铃薯在 16 世纪传入欧洲，之后用了两三百年的时间在欧洲传播开来。在大航海时代，欧洲各国的航行轨迹遍布四大洋，但有一个难题就是原因不明的坏血病。在长期航海途中，海员们的皮肤、黏膜会出血，隐痛渐渐加重直到死亡。

完成环球航行的葡萄牙人费迪南德·麦哲伦船队的 270 名船员中，活着回来的只有 18 人。当然，长期航海会遇到各种各样的意外，坏血病只是其中较大的一个影响因素。

同样是葡萄牙人，发现了南非好望角航线的瓦斯科·达·伽马船队的 180 名船员中，就有 100 人死于坏血病。

坏血病发病的原因是在海上无法吃到蔬菜，导致维生素 C 摄入不足。但是，弄清这一原因是在维生素 C 被发现的 20 世纪。在此之前，坏血病的原因一直是个谜，是很恐怖的疾病。

马铃薯被当作航海食品之后，坏血病就减少了。因为马铃薯含有丰富的维生素 C，所以吃马铃薯可以预防坏血病，而且马铃薯还能长时间储藏。

自那以后，出海的船都要囤好多马铃薯才起航。马铃薯使长期航海变得安稳。

能够长期航海的欧洲船队陆续抵达了遥远的东方国家。在欧洲没怎么普及的马铃薯被用船运到中国，想来也是极为自然的事了。

马铃薯传入中国

关于马铃薯传入中国的确切时间，我们已无从考证。较早有关马铃薯的记载出现在明朝末年，如《长安客话》记载："土豆，绝似吴中落花生及香芋，亦似芋，而此差松甘。"当时，马铃薯仅是一种外来食物而已，只会偶尔出现在富贵人家的宴席上，一般百姓无法吃到。

到了清朝，人们逐渐发现马铃薯的产量令人惊喜，即使在环境恶劣的地方，马铃薯也能生存。再加上有些地方粮食缺乏，清政府便开始下令推广马铃薯种植。很快，各地先后传来马铃薯的丰收捷报，马铃薯这种外来食物才出现在了千家万户的饭桌上。

后来，红薯、南瓜等外来稀有作物也相继传入了中国。这些作物和马铃薯一样，都原产于美洲大陆，在哥伦布发现美洲大陆之后便在世界范围内传播开来。

但是，比起红薯和南瓜，马铃薯一开始并没有得到太大的普及，可能是因为红薯和南瓜带有甜味，而马铃薯甜味很少，味道比较淡。后来，人们发现马铃薯的味道虽然淡，但和鲜美的肉一搭配，立刻就变得可口起来。用咖喱焖炒、乱炖等方式烹饪马铃薯的料理，也先后被端上了餐桌。

留存于日本各地的传统马铃薯

在日本静冈县大井川上游的山中，现在还种植着从古时候就流传下来的马铃薯，叫作"oland"。

起这个名字是因为这种马铃薯从荷兰（Holland）传入。在这片土地上，现在还继续种植着古代从荷兰传入的马铃薯。

从江户时代开始种植的马铃薯在其他地区也有留存。各地种有各种各样的马铃薯：宫崎县的"松之寿"、爱媛县的"地芋"、德岛县的"江州芋"、奈良县的"洞川芋"、长野县的"二度芋"、山梨县的"富士种"等。

　　这些存在传统马铃薯的地方有一个共同点：它们的种植地区都是沿着中央构造线分布的。中央构造线从九州到四国，穿过近畿南部，经天龙川到赤石山脉直通东京，是日本最大的断层。江户时代传下来的马铃薯种植的地区全部沿着中央构造线分布，实在太不可思议了！

　　中央构造线附近磁场较弱，分布着许多用于修身养性的历史建筑。九州的阿苏山、宇佐神宫、天岩户神社，四国的石锤山，近畿南部的高野山、伊势神宫，中部地区的丰川稻荷、秋叶神社，关东的鹿岛神宫等，这些著名的历史建筑都分布于中央构造线附近。

　　中央构造线附近地势倾斜，断层破碎带和变质岩带是易风化的沙质土壤，可用于种植作物的表土很少。在如此难以耕种其他作物的严酷环境下，马铃薯就成了重要的粮食。另外，山地海拔高，气候凉爽，也适宜原产于安第斯山脉的马铃薯的种植。

　　江户时代的文献基本没有对马铃薯的评写，但在文献之外的地方，在连绵的群山间，马铃薯流传了下来。

　　山梨县的鸣泽地区，有一种用马铃薯做的传统食物——冻芋。

　　将挖出来的马铃薯放置于室外，夜里结冻，白天解冻，如此反复，马铃薯就会变软。人们把软化的马铃薯自然风干，做成冻干食品保存。

　　难以置信的是，冻芋的做法和原产于安第斯山脉的能够长时间保存的马铃薯干完全相同。

爱尔兰的悲剧

之前说过，英国的伊丽莎白一世曾中过马铃薯茄碱的毒，所以马铃薯被认定为危险的作物，延缓了普及的进程。英国普及马铃薯种植是在 19 世纪之后。但在北方的爱尔兰，马铃薯是能够在荒凉的土地上生长的珍贵作物，17 世纪就开始种植，18 世纪已经成了主食。

托马铃薯的福，爱尔兰从 19 世纪初的 300 万人口增加到了后来的 800 万。

但是，19 世纪 40 年代，爱尔兰突然大范围流行马铃薯晚疫病，歉收严重。此时，爱尔兰的粮食完全依赖马铃薯。结果，一场大饥荒开始，近 100 万人饿死。

马铃薯晚疫病的暴发原因在于马铃薯的种植方法。

马铃薯是一种营养繁殖的作物，种下块茎就能慢慢繁殖。所以，爱尔兰选择了一个产量大的品种在全国增加种植数量。然而，只有一个品种也就意味着，如果这个品种的抗病性差，那么全国的马铃薯都难以抵抗病害。

这个缺陷让马铃薯晚疫病将爱尔兰全国的马铃薯悉数毁灭。虽然当时已经开发出了农药，但却是为制作红酒的葡萄研制的，

对于新作物马铃薯的晚疫病完全没有效果。

在原产地安第斯山脉，人们为了不让病害将马铃薯全部毁灭，会混合栽种多个品种。有了各种各样的品种，不管遭到什么病菌的侵害，总会有一些品种能够生存下来。但是，在马铃薯从一片土地向另一片土地传播的过程中，人们挑选品种，新土地上只种植了有限的几个种类。

爱尔兰本就是饥荒多发的国家，对于已经完全依赖马铃薯而生的爱尔兰人来说，马铃薯歉收是一个致命的打击。

雪上加霜的是，英国的应对是消极的。当时的英国将爱尔兰视为附属国。看到英国对爱尔兰的态度的人们对英国有了深深的不信任感。

这一事件直接关系到后来的爱尔兰独立运动。

背井离乡的人们与美国

由于大饥荒而失去粮食的人们背井离乡，只能向着新天地——美国前进。

19 世纪中叶到 19 世纪后期的美国结束了西部大开发，正要开始真正的工业化。此时移居而来的爱尔兰人提供了大量的劳动力，为美利坚合众国的工业化和现代化提供了支撑。国力大增的美国最终超越了英国，成了世界第一大工业国。

　　在这批移居美国的爱尔兰成功人士中，就有 J.F. 肯尼迪总统的曾祖父——帕特里克·肯尼迪。J.F. 肯尼迪年仅 43 岁就当选了美国第三十五任总统，还推动了"阿波罗登月计划"。爱尔兰如果没有发生大饥荒，说不定就是人类第一个登陆月球的国家了。

　　除了肯尼迪总统外，肯尼迪家族也是著名的政治家和实业家辈出，是美国的名门望族。此外，林肯、克林顿、奥巴马等许多总统都有爱尔兰基因，创造了迪士尼的沃尔特·迪士尼、麦当劳的创始人麦克唐纳德兄弟也不例外，这些人的影响是不可估量的。

第六章

番茄

改变了全世界食物的红色果实

番茄这种来自美洲大陆的果实仅用了数百年的时间就经欧洲传播到了亚洲。

番茄改变了全世界的饮食文化。

马铃薯与番茄的命运

番茄与马铃薯相同，都是原产于安第斯山脉周围的作物。

而且，番茄与马铃薯都属于茄科植物。

主要的茄科植物大多产自美洲大陆。

在农作物中，除番茄和马铃薯之外，辣椒、烟草也是产自美洲大陆的茄科植物。作为园艺植物被广泛种植的矮牵牛花也是原产于南美洲的茄科植物。

然而，对于生活在安第斯地区的人们来说，马铃薯是重要的粮食，番茄却不是。

最早开始种植番茄的是墨西哥的阿兹特克人。

岁月流逝，番茄也和马铃薯一样，在哥伦布发现美洲大陆后被传到了欧洲。

据说最初在美洲大陆发现番茄的欧洲人就是征服了阿兹特克人的埃尔南·科尔特斯。

在美洲大陆种植的番茄于 16 世纪被传到欧洲。但是，欧洲人将马铃薯作为重要的粮食种植，却没有轻易接受番茄，并且在很长一段时间内对其非常排斥。欧洲人开始食用番茄是 18 世纪后的事。难以置信，在两百年间，番茄竟没有被食用过。

番茄被当作有毒植物

遗憾的是，在欧洲，番茄被当作有毒的植物。

番茄是茄科植物，茄科植物大多是有毒的。

在欧洲，有令人害怕的被称为"恶魔之草"的颠茄，还有被用在巫术中的曼陀罗，这些都是有毒的茄科植物。番茄一看就属于茄科植物，所以才遭到了排挤。

马铃薯最初传入欧洲的时候也被当成是毒草而无人问津，但通过普及马铃薯是重要的粮食，再加上人们的努力，马铃薯种植面积渐渐扩大。然而，人们却没有感受到番茄像马铃薯那样普及的必要。

马铃薯绿色的块茎部分以及芽、叶都是有毒的，它们含有有毒物质茄碱。人们曾经觉得块茎有一种涩味，所以在用于粮食的过程中，渐渐地改良成了没有涩味的块茎。

而另一方面，番茄有毒的只是茎和叶，红色的果实是无毒的，但是，番茄有一种独特的青草味，这也是它被讨厌的一个原因。

红透了的番茄

通红的番茄一看就很美味的样子。

绿色的蔬菜沙拉一旦有了红色番茄的点缀，感觉立刻就增添了几分美味。

人们看到红色，副交感神经就会受到刺激，产生食欲。

红色是甜甜的成熟的果实的颜色。

植物结出果实，就是为了让鸟类来吃。鸟会将果肉和种子一起吞下。吃下去的种子会不经消化地通过鸟的消化器官，最终掺杂在粪便里被排出体外。这期间鸟是移动着的，所以种子能够散布到远方。

我们的祖先猿人食用的是森林中的果实，对他们来说，果实的颜色是很重要的。红色是美味的果实的颜色。哺乳动物大多不能识别红色，但只有猴子可以。而且，我们看到红色就会被勾起食欲。

不过，虽然果实会变红，但植物含有的色素中，红色素是很少的。比如，葡萄、蓝莓等含有的是一种叫花青素的紫色素，柿子、橘子含有的是一种叫类胡萝卜素的橙色素。它们的果实用紫色素或橙色素，尽量去贴近红色。

在人们的印象中，苹果是通红的，但仔细看的话，那并不是通红，而是紫红色。苹果将花青素和类胡萝卜素完美地调配，呈现了紫红色。

而番茄是通红的，因为番茄含有一种叫番茄红素的红色素。

但是，欧洲人此前从未见过这种红色的果实，所以，他们认为这不是人间的东西，觉得这过于鲜艳的红色果实是"有毒的"。

那不勒斯风味的诞生

番茄在很长一段时间内，都被当作珍稀的观赏植物种植。最早食用番茄的是意大利的那不勒斯王国。西班牙人从美洲大陆带回珍贵的番茄时，意大利还未建立，那不勒斯王国是西班牙的一个领地。

有一种说法是，当时发生了饥荒，万般无奈之下，人们才开始食用番茄。

那不勒斯是确立了量产意大利面技术的地方。而番茄则被用来制作量产意大利面的酱料。这就是被称作"napoletana"的意大利面的起源。顺便提一句，番茄汁拌那不勒斯意大利面是第二次世界大战后在日本设计出来的西餐。

那不勒斯开始使用番茄汁时，番茄并不是什么高级食材。据说当时的番茄汁拌那不勒斯意大利面是将面在棚子里的大锅中煮了之后，劳工们直接用手抓着吃，是很粗鄙的食物。我们不清楚人们是何时开始食用那不勒斯意大利面的，但在 17 世纪末就已经存在了。

更广为人知的是，那不勒斯是比萨的发祥地。原先穷人们用小麦粉制作面团，再将番茄摊在上面食用，比萨就来源于此。所以比萨也是在棚子里售卖的食物，这是 18 世纪左右的事了。

当时番茄汁只能在那不勒斯吃到，所以现在我们把使用番茄汁的料理称为"那不勒斯风味"。

如此具有异域风情的植物番茄，如今却是意大利菜不可或缺的一部分。番茄极大地改变了意大利的饮食文化。

荣归故里的番茄

番茄从美洲大陆传到欧洲后，作为食品渐渐地传播开来。这样一来，番茄又从英国传回了美国，也就是发生了美洲大陆的逆输入。

番茄在英国慢慢变为食品，但在美国，人们还停留在认为番茄"有毒"并敬而远之的阶段。番茄在美国开始普及的契机是第三任总统托马斯·杰斐逊，在欧洲食用过番茄的他在国民面前吃了被视为毒草的马铃薯和番茄。

就这样，美国也渐渐地接受了番茄，并最终产生了改变世界食物的调味料——番茄酱。

追根溯源，番茄酱来自古代中国制作的一种名为"茄酱"（ketsiap）的鱼露，传到东南亚后变成了 kechap。

欧洲人在亚洲记住了番茄酱，并使用了各种鱼贝类海鲜、菌菇、水果复制出了这种味道。此时制作出的调味料叫作 catchup。

从英国移居美国的人尝试着在食材有限的新天地里制作 catchup，他们使用了当地丰富的番茄，最终做出来的就是番茄酱（ketchup）。

番茄酱现在成了调味料的代名词，甚至在英国还有用蘑菇做成的 ketchup。但如今，说到 ketchup，一般指的都是番茄酱，番茄已然成为 ketchup 的主打食材。

在美国，出现了炸薯条、汉堡包、煎蛋卷等，有关番茄酱的饮食文化一下子兴盛起来。

全世界生产番茄

世界上种植最多的作物是玉米，其次是小麦，第三位是水稻。玉米、小麦、水稻被并称为世界三大谷物。第四位是马铃薯，第五位是大豆，这些都是重要的粮食作物。排在这些主要作物之后的，就是番茄。

除了支撑着世界粮食生产的作物外，番茄的产量是最多的。

提到番茄，马上就会想到意大利，但世界前五位的番茄生产国里却没有意大利，而且大量生产番茄酱的美国只排世界第三位。那么，生产番茄最多的地方是哪儿呢？

也许有人会感到意外，世界上番茄生产量最多的是中国，第二位是英国，这两个都是人口众多、消费量大的国家。不管是中国菜还是伦敦菜，番茄都是必不可少的食材。大航海时代之后的17世纪，欧洲船队频繁造访亚洲，才将来自美洲大陆的番茄经欧洲传到亚洲，仅仅在数百年的时间里，番茄就改变了全世界的饮食文化。

与世界上产量最大的玉米、小麦、水稻、马铃薯、大豆这些粮食相比，番茄不过是众多食材中的一种。番茄带有甜味，即使加热后甜味也不消失，因此被用作调味料给各式各样的料理添味。

通红的番茄给人一种和苹果一样都是水果的感觉，但番茄很少被用来当作甜点食用，多数情况下，是作为料理的食材进行加热烹调。这种食用方式更像蔬菜而不是水果。

番茄究竟是蔬菜还是水果呢？

番茄是蔬菜还是水果？

植物学中的番茄是"植物的果实"，即水果。

但是，对欧洲人来说，水果指的是可以当作甜点食用的甜甜的东西，就像苹果、葡萄那样。很少有水果被当作食材使用。

与番茄一样，被用作食材的果实还有茄子和黄瓜。不过，茄子和黄瓜是亚洲的食物，欧洲人不太习惯。

另一方面，欧洲人把果实以外的可食用的部分称为蔬菜。

前面说过，植物学中的"水果"指的是植物的果实。番茄是果实，但是，水果一词在植物学外也在使用，即能够作为甜点食用的就是水果，用作料理的需烹饪食用的食材就是蔬菜。

水果和蔬菜不是自然界的分类，而是人类所决定的。因此，番茄既是水果，又是蔬菜。

虽然我们觉得不管将其分到哪类都好，但在 19 世纪，美国曾进行过一次审判，判决番茄是蔬菜还是水果。

结果如何呢？植物学家主张番茄是水果。这次审判甚至被上诉到了联邦最高法院。但联邦最高法院说"番茄不是甜点"，所以判决番茄是蔬菜。也就是说，从植物学上讲番茄是水果，但在法律上讲却是蔬菜。

话说回来，为什么番茄是蔬菜还是水果这一问题会闹上法庭呢？

这是因为，当时美国对蔬菜加征关税，而水果是免税的。所以收税的官员主张番茄是蔬菜，而进口商主张番茄是水果。

如今，番茄是蔬菜还是水果这一问题因国而异。那么日本如何判定呢？

其实，英语里的 fruit 与日语里水果的意思有些微不同。

英语 fruit 的意思是植物的果实，番茄是植物的果实。但日语里的水果有"来源于树上的东西"这一意思，即水果是能够长成树的果实。

番茄不能像苹果、柿子那样长成树，所以番茄不是水果。

日本的农林水产省将木本植物定为水果，将草本植物定为蔬菜。

番茄是草本植物，所以在日本，番茄被分到了蔬菜类。

不只是番茄，我们经常当作水果食用的草莓、蜜瓜等都不能长成树，所以是草本植物，在日本被定为蔬菜。

第七章

棉花

『能长出羊毛的植物』与工业革命

18世纪下半叶的英国，在那个追求平价棉织品的社会发生了一件革命性的大事。由于蒸汽机的出现，作业开始机械化，规模化生产变为可能，这就是『工业革命』。

.

人类最初的衣服

叶子是人类最初的衣服。

原始人将叶子缠绕在身上做成衣服。古代的人们编织青草，从植物中抽取纤维来制作衣服。

从我们现代人的视角来看，这些可能有些太落后了。但是，我们现在衣服的原料——化学纤维——是从地下资源石油中提取的。如果没有石油又会怎样呢？说到底，我们还是只能依靠植物。

从前，所有的衣服都是用植物制成的。

在日本，这些植物被称为"麻"。

桑科的大麻，锦葵目的苘麻、黄麻，荨麻科的苎麻，亚麻科的亚麻等都是抽取纤维的原料。

不仅如此。

防雨斗篷是用稻草或芒草编成的，蓑笠是用一种叫弯囊薹草的叶子编成的，榻榻米的席面是用一种叫蔺草的植物制成的。

再高级一些的材料就是绢。

绢就是用蚕为了结茧而吐出的丝制作的。但是要养蚕，就必须种植桑树当作蚕的饲料。因此，从前桑树田在各地随处可见。

然后，桑也成了纤维的原料。

其他的植物为了让茎直立，茎的植物纤维会变得坚硬，这些纤维也是原料。

但棉不一样，棉的纤维是从果实里抽取的。棉的果实为了保护种子，会用柔软的纤维包裹住种子，这柔软的纤维就是"棉花"。

动物毛皮的用途

在植物不是很丰富的寒冷的草原地带，人们用动物毛皮而不是植物做衣服。

很久很久以前，原始人将动物的毛皮围在身上。最终又轻便保暖性又卓越的动物毛皮、鸟的羽毛等被利用了起来。

其中将优质的毛皮提供给我们的就是绵羊。

一般认为，绵羊和山羊在人类开始农耕生活很久以前就被驯化为家畜了。山羊是人类可以获取肉、奶和皮的重要家畜。然而，绵羊有山羊没有的东西，那就是羊毛。野生绵羊在季节变化时会大量脱毛，最初人们利用的就是这些毛。

后来，为了得到宝贵的羊毛，人们开始将绵羊当作家畜饲养。

"能长出羊毛的植物"

终于，时光流转，中世纪的欧洲人发现了世界上不可思议的珍贵植物——棉花。

在植物学上，棉花被分为四个大的种类，其中两种原产于印度。在古代，利用棉花的棉纺织业是印度的主要产业。

棉织品被传播到中世纪的欧洲后，人们震惊了。皮肤触感绝佳，蓬松又保暖，而且轻便，穿着感受极好。

更让欧洲人吃惊的是，棉花"取自植物"。

在此之前，欧洲主要利用的是用羊毛等制作的毛织品，纤维是从动物身上获取的。于是，欧洲人就以为有一种植物能像结果实一样长出羊毛。棉花就是如此不可思议。

棉花给人类的衣食住行带来巨大变革

自从有了人类历史后，衣食住行就是人类最关注、最重要的四件大事。衣食住行的演变也凝聚了人类的智慧和努力。

在棉花出现之前，人类用树叶、皮草、麻布、丝绸等来御寒

保暖。麻布本身材质粗糙，穿在身上不舒服；丝绸、皮草过于昂贵，普通百姓很难消费得起。而棉花的出现，既解决了面料问题，又解决了成本问题。棉纤维制成的衣物，有很好的吸水性和透气性，穿在身上非常舒服。于是，棉制品受到越来越多人的青睐，棉花也迅速在世界各地传播开来。

从人们将棉花作为纺织布匹的原材料的那一刻，棉花就开始了对人类文明的深远影响。

棉花带来了工业革命

现代的工业化社会始于 18 世纪英国的工业革命。

引发这次工业革命的植物之一就是棉花。

17 世纪，英国东印度公司开始了与印度的贸易，品质优良的印度棉布风靡了全英国。英国的毛织品业受到了打击，所以英国政府禁止了对印度棉布的进口。

但是，棉布的人气一路高涨，于是，英国只从印度进口棉布的原材料棉花，再在国内生产。通过工厂（manufacture）化生产，人们制造出了棉织品。

然而，棉布的人气一发不可收，不管怎么制作也供不应求。怎样才能织出更多的棉布呢？这肯定让许多人绞尽了脑汁吧。

俗话说，"需要是发明之母"。

"飞梭"这种简单工具的发明就是一切的开始。

织布的一个必要操作是穿纬纱。布的尺寸越大，纬纱就越难穿，必须要有助手协助。但是，飞梭带有一个车轮状的磙子，能够快速地穿纬纱。这样，织布作业一下子就变得高效起来。

不过，织布作业变得高效后，纺纱作业又跟不上节奏了。人们又发明了纺纱机。作业越高效，生产工厂规模就越大。规模越大，作业就产生了分工，工厂进一步扩大。

18 世纪下半叶，在追求平价棉织品的社会发生了一件具有革命性的大事。利用煤炭的蒸汽机出现，作业被机械化，在大工厂内的量化生产变为可能。这就是"工业革命"。

由于工业革命，人们能够生产平价的棉织品，传统的印度棉织品业遭到了毁灭性的打击。

奴隶制度的开始

工业革命使大量生产棉布成为可能，从而就需要大量的原料——棉花。但是，原产于温暖地区的棉花无法在寒冷的欧洲种植。

到了 19 世纪，仅靠从印度进口棉花已不能满足需求，英国需要开辟新的棉花供应地。这个新的棉花产地就是美国。

美国一直种植烟草，但香烟这种嗜好品的价格不稳。相比之下，英国对棉花的需求对美国来说更有吸引力。

种植棉花需要广阔的土地，美国恰恰不缺土地。

只是，当时收获棉花是手工作业，很费功夫。虽然种子被柔软的纤维所包裹，但实际上成熟吐絮后的棉桃是带刺的，所以，摘棉花是非常繁重的体力劳动。

新天地当然没有充足的劳动力，于是，许多非洲黑奴就被带往了美国。棉花让美国在经济上变得富裕起来，同时，许多黑人奴隶成了棉花的牺牲品。

就这样，大量的棉花从美国运往英国；英国将机器制造的棉织品等工业产品再运往非洲；大量的黑奴又从非洲被带往美国。这种通常用船满载货物、以三角形航线行驶的贸易被称为三角贸易。

《解放黑人奴隶宣言》的真相

通过出口棉花，棉花的产地美国南部实现了经济的腾飞。而以工业为主要产业的美国北部的人们想对从英国进口的工业品施加高额关税，实行保护贸易。但是，向英国出口棉花的美国南部的人们不能接受保护贸易，必须推行自由贸易政策。这样，美国北部与南部的利益发生对立，最终引发了南北战争。

南北战争爆发后，美国的棉花出口量急剧减少。北方军队封

锁了港口的出口贸易，以此扼住了南部经济的咽喉。然而，意外的是南方军队也限制了棉花的出口。其计划是，如果棉花不能出口，英国就伤脑筋了，正好借此寻求英国的援助。

欲阻止此事的林肯总统签署了《解放黑人奴隶宣言》。这样，战争的目的就在国内外被统一为解放黑奴，英国就很难再支援美国南部了。此战略果然奏效，南北战争最终以北方军队的胜利结束。

湖泊消失给棉花种植带来的挑战

因美国的南北战争导致棉花供应不足而伤脑筋的，可不只是英国。当时，在俄国等寒冷地区，棉花因为本身所含的纤维有很好的保暖作用，所以是当地居民御寒保暖的必备品。南北战争爆发后，为棉花供应不足而发愁的俄国开始在国内种植棉花，于是，中亚地区就变成了棉花的产地。现在中亚地区的乌兹别克斯坦就是世界上屈指可数的棉花生产大国。

随着棉花种植面积的扩大，棉花的种植技术也越来越现代化，产量也随之大幅提高，于是就出现了短缺的东西——种植棉花所需要的水。

棉花是较耐旱的作物，但在不同的生长期，所需的水量是不一样的。萌发出苗阶段，棉田的持水量以略高于 70% 为宜。土壤湿度过低，不利出全苗；湿度过高则易烂种。蕾期棉株生长速度加快，耗水量也不断增加，要求田间持水量在 60%—70%。到了花铃期，棉株生长旺盛，温度高，耗水量最多，一般要求田间持水量以 70%—80% 为宜。

所以，水对棉花的生长发育非常重要。为了提供棉花生长所需的适宜水量，中亚地区的人们配备了灌溉设施，从咸海抽取湖水，浇灌广阔的棉花田。

咸海是世界上第四大湖，这丰富的水资源保证了大片棉花田的供水量。但是，资源不是无限的。由于各种环境因素，原本浩瀚的咸海在 20 世纪初因水位下降而形成了大咸海和小咸海，之后咸海的水量持续减少，现在咸海已经面临消失的危机了。这个过程中，周围的生态系统也被破坏，许多生物相继灭绝了。

在依靠咸海以发展渔业为生的地区，人们的生活遭到了破坏，许多地区相继出现废弃的村落。由于湖水减少，咸海盐度升高，仅剩的咸海也成了死海。

由于当地的水资源持续减少，棉花的产量也受到了影响。一切都是棉花这种植物引起的悲剧吗？不，不能把罪因归于棉花，一切都是人类引起的。

棉花孕育了日本的汽车产业

棉花是何时传入日本的呢？

据说棉花传入日本是在平安时代初期。传说是漂流到日本的印度人带来了棉花的种子。最早的种植地点位于现在爱知县的三河地区。

三河地区有着广阔的台地，是一个灌溉不充分、水资源不足的地区。所以，这是一片干旱地区，不能开展稻作。于是，人们就种植耐旱的棉花。这里产出的就是"三河木棉"。

从滨名湖西岸的静冈县的远州地区到矢作川东岸的爱知县的三河地区，古时候都是棉花的产地。同时，棉织品贸易也伴随着棉花的种植而兴盛起来。

丰田佐吉看到母亲在织布机前劳作，都没有时间休息，就发明了木制人力织机。以此为基础，丰田佐吉创办了丰田自动织机公司。这就是后来世界级的汽车制造商——丰田汽车的前身。

滨松的织机制造商利用此技术制成了摩托车、轻型汽车等。这就是现在的铃木。

棉织品的技术孕育了代表着日本工业水平的汽车制造工业。

棉花对中国经济的贡献

棉花因为柔软、保暖等特性，可作为商品，有很好的流通性，易于换取现金。

在中国，棉花最早传入新疆地区，考古学家曾在新疆的楼兰遗址中发现过棉布残片。一直到今天，新疆的棉花仍然为中国的纺织业提供着极为优质的原料。

宋元年间，棉花种植在长江流域、黄河流域一带迅速发展，棉花在社会生活中越来越重要。到了明朝，在郑和下西洋之前，中国种植的是非洲棉和亚洲棉；郑和下西洋后，带回更优质的美洲棉品种。

通过种植棉花，人们开始从事棉花纺织。到了近代，中国的棉纺织业初具规模。棉纺织业不仅能满足人们的穿衣需求，还能带动相关的印染、家纺等产业，到 20 世纪七八十年代已经形成了非常完善的产业链。在沿海一带，很多城镇的经济起飞都离不开棉纺织业的贡献。棉纺织业也解决了大批劳动者的就业问题。

近年来，随着科技进步，中国的经济结构面临调整，相关产业也面临升级。其中，棉纺织业所受的影响最大，棉纺织业中心已经从沿海一带逐渐向中西部转移。在正视棉纺织业的发展问题时，一定不要忘了棉纺织业对中国经济的贡献。

第八章

茶

鸦片战争与咖啡因的魔力

人们越喜爱神秘的饮品——茶，就越需要从清政府购买茶叶。

大量的白银外流，英国计划向清政府倾销鸦片。

.

长生不老药

有一种药，秦始皇相信它有"长生不老"的功效而饮用。

传说中国古代的"农业之神"神农氏用自己的身体来测试身边一些草木的药性，每当中毒的时候，都是多亏了这种药草的力量才苏醒过来。

这是药效多么神奇的植物啊！没想到秦始皇梦寐以求的这种药，我们在现代社会能够易如反掌地喝到。这种"仙草"就是茶。

中国的唐诗中有这样的记载：

"一碗喉吻润，二碗破孤闷。三碗搜枯肠，惟有文字五千卷。四碗发轻汗，平生不平事，尽向毛孔散。五碗肌骨清，六碗通仙灵。"①

如今，我们用钱包里剩下的一点零钱就能买到一瓶茶饮料，

---

① 出自卢仝的《七碗茶》，原题为《走笔谢孟谏议寄新茶》。

到餐厅去只要说上一句"请来一壶茶"，就能免费得到秦始皇梦寐以求的"仙草"。

茶原产于中国南方。从前，为了方便运输，人们将茶定型成"饼茶"。人们购买之后就可以从这块饼上剥下茶来泡着喝了。

在中国，茶在佛教寺院被普遍使用。唐朝盛行佛教，人们把茶用作坐禅时的提神良药。

不过，如果要把茶当作药饮用，将茶磨成粉末后用水送服比泡着喝更好。所以，到了宋朝，人们就把茶粉用热水冲兑后饮用，这就是抹茶。

实现了独特进化的抹茶

宋朝时期，有许多日本的游学僧人到中国的寺院访学。这些游学僧人在回国时，将茶的种子和制作抹茶的技术带回了日本。特别是日本佛教临济宗的鼻祖荣西写成了《吃茶养生记》，极大地宣传了茶，所以在日本被尊称为"茶祖"。由此，日本寺院的人也仿照中国喝起了抹茶。

但是后来，"抹茶"却从它的发源地中国消失了。

时光从宋朝转向了明朝。明朝第一位皇帝明太祖朱元璋为了将原本是贵族和富裕阶层享用的茶普及到民间，禁止了费时费力的定型工序，而是推广用茶叶片冲泡的"散茶"。因此，抹茶在中国被废止了。

而抹茶"东渡"到日本后长久地存活了下来，也实现了独特的进化——与日本的侘和寂结合为一体，形成"茶道"。

贵妇人的仪式

茶是从中国广东省的寺院传入日本的。

在中国广东省，"茶"的发音是"caa"。这个发音在日本演化成了"cha"。在印地语、蒙古语、俄语、波斯语、土耳其语中，茶被叫作"chay"。这些国家的茶都是从中国广东省经丝绸之路以陆路方式传播开的。

16世纪，欧洲与中国开始发展贸易，茶从中国福建省的港口通过海路出口。在中国福建省，"茶"的发音是"te"，在欧洲演变成了"tea"。

绿茶和红茶都是用同一种植物制作出来的。

将收获的茶叶发酵，茶叶会在氧化酶的作用下氧化。就像我们切开苹果后，切口部位会变色是一样的道理。用这种带有红黑色的茶叶制成的就是红茶。

相对地，将收获的茶叶立刻加热，将氧化酶灭活，就能够让茶保持绿色。用这种加热后的茶叶制成的就是绿茶。

在中国，人们多饮用绿茶，不过出于运往欧洲时长途海路运输的考虑，货物多是红茶。

从中国运来的具有药效的茶成了昂贵的饮品，能够享用的都是英国的贵族。

茶是从亚洲运来的神秘饮品。

如果是现代人也能在印度深山里采得到的药草，或是生长于安第斯山脉的药草的话，可能人们还不会产生药效如此神奇的感觉吧。

最早在欧洲饮茶的，是到访过中国的荷兰人。

不只是中国，与日本也建立了邦交关系的荷兰人同样把日本的茶文化传到了自己的国家。传教士们讲述的东方奇闻逸事中说，茶是身份高贵的人在举行高规格仪式时的饮品。这可能指的是日本战国时代 ① 的武将们喜爱的茶道吧。

终于，英国爆发了光荣革命，国王被驱逐，从荷兰来的威廉王子和他的王妃玛丽一起登上了皇位。玛丽将茶从荷兰传到了英国，为东方达官贵族所喜爱的茶在英国上层社会的女性们中间流传开了。

现在，人们仍然对王妃的生活充满向往之情，被日本、英国等的王室收纳的贡品很受欢迎，其实以前也同样如此。

英国的贵族把许多事交给用人们做，但他们会亲自泡茶招待客人，由此诞生了一种高雅的仪式——下午茶。

---

① 日本战国时代（1467—1615）是一个动荡的时期，战争不断。

不过，日本的茶道是在战国时代武将中间流行的男人们的仪式。而一说到下午茶，脑海中浮现出的一般是贵妇人进行社交的画面。

事实上，在茶流传开以前，英国人喝的是从阿拉伯半岛带来的咖啡，街上的咖啡屋也是男人们的社交场所。因此，下午茶就在无法去咖啡屋的女人们中间流行开了，最终，茶室成了女人们的"咖啡屋"。这样一来，男人们为了与女人们约会，也都来茶室，咖啡屋渐渐地过气了。

无论何时，创造时代的都是女性啊。

支撑着工业革命的茶

现代的工业化社会始于 18 世纪英国的工业革命，而引发这次工业革命的植物之一就是已经介绍过的棉花。

工业革命所催生的还不单是平价棉织品这一种商品。工厂劳动者这一新兴阶级也诞生了，这些劳动者就喜欢喝红茶。

茶是在 17 世纪传入英国的。

在英国，人们害怕得由痢疾杆菌等引起的以水为传播媒介的疾病，所以，农业劳动者们就用啤酒等酒精类饮料代替水。

然而，工厂劳动者们要在工厂里和 24 小时无休的机器一起劳动，喝醉了就无法干活了。茶含有杀菌成分，即使是用没有完全沸腾的水泡出的茶也能防止疾病蔓延，还能提神醒脑，因此，茶是提高劳动效率的最佳饮品。

茶是独立战争的导火索

有人说，茶也为美国的独立立了一功。

英国赌上自己的霸权地位，和法国展开了旷日持久的北美殖民地战争。这场战争使英国不得不支出巨额的钱财，而英国用殖民地交的税钱来弥补这一开销。

其中一项就是从英国出口到美国的茶。

美洲大陆最初是荷兰的殖民地，所以受到荷兰的影响，上层阶级的人们爱饮红茶。之后，美国成了英国的殖民地，饮红茶的习惯原封不动地保留了下来。被英国课以重税的美国人为了逃税，就偷偷地从荷兰进口茶。于是英国颁布了《茶税法》，严厉取缔偷运茶的行为。这一年是 1773 年。

美国人为了反抗英国这一重压制度，于 1773 年 12 月袭击了英国前往美国的运茶船，将船上装载的茶叶尽数倾倒进了波士顿湾，这就是"波士顿倾茶事件"。大量的茶被倾入大海，据说海水都被染成了茶色，所以，这一事件也被称为"茶党"（tea party）。

对此，英国于 1774 年强制封锁了波士顿湾。这激发了美国人的反感，于翌年，也就是 1775 年发动了独立战争。

对英国的反感让美国人开始用喝咖啡来代替喝茶，这就是为了模仿红茶的口味，进行快速烘焙后制成的美式咖啡。顺便提一句，日本的美式咖啡多指浓度低的咖啡，但真正意义上的美式咖啡是指烘焙时间短的咖啡。

现在，美国的咖啡消费量仍居世界第一。以星巴克为代表，咖啡文化能在美国开花结果，其契机就是独立战争。

然而，独立战争的核心却是美国北方的人们——喝茶的富裕阶层。美国南方正为了通过工业革命发达起来的英国的棉纺织业而不断出口棉花赚取外汇，从某种意义上讲，南方陷入了一种没有英国就无法存续的经济结构。与南方相反，北方为了摆脱英国的控制，追求经济自立。久而久之，双方的矛盾越积越深。

1861 年，美国南北战争终于爆发。

难以再获得英国进口红茶的美国计划在温暖的南方地区尝试种植本国茶树，但是由于南北战争的爆发，美国的茶种植事业夭折了。

鸦片战争爆发

在英国，红茶普及开来，平民百姓也能喝到茶，但对英国来说，茶是从亚洲运来的神秘饮品这一印象没有丝毫改变，茶对英国人的生活和生产来说是不可或缺的。然而，即便需求如此之大，英国也只能从中国进口茶叶。

人们喜爱红茶，喝得越多，就越需要从清政府购入大量的茶叶。购买茶叶使得大量白银流出，而清政府却没有什么必须要从英国购买的东西，英国的贸易赤字不断扩大。

雪上加霜的是，原来的"聚宝盆"美国独立了，所以英国谋划出了三角贸易。

借着工业革命的东风在工厂大量生产的棉织品在国内市场饱和，英国就将棉织品出口到了殖民地印度。终于，印度传统的棉纺织产业瓦解了。

英国在基础产业瓦解了的印度种植毒品的原料——罂粟，并将由罂粟制成的毒品——鸦片走私到中国。

这样，英国将在印度生产的鸦片走私到中国，将在本国生产的棉织品卖到印度，以此来回收由于买茶而流失的白银。"三角贸易"由此确立。

罪恶的鸦片走私受到中国抵制，英国决定发动侵略战争。1840年，英国舰队开到广东海面进行挑衅，鸦片战争爆发。

这场战争，清军节节失利。1842年，清政府被迫签订了不平等条约，从此逐步沦为半殖民地半封建社会。

日本也发生了改变

本是大国的清朝在鸦片战争中战败后，西方各国在亚洲侵略的行动更加肆无忌惮，东亚进入了动荡的时代。

清政府的战败也给了邻国日本强烈的冲击，见识了西欧各国强大军事力量的日本有了强烈的危机感。为了不使日本沦为殖民地，一部分先进人士联合起来，最终打倒了江户幕府，从明治时代的文明开化开始，开启了追赶西欧列强的近代化之路。

值得一提的是，支撑着有富国强兵目标的日本的近代化进程的物品也是茶。

当时，西方各国都在追求中国的丝绸和茶。日本人意识到可以把茶作为出口商品来赚取外汇，于是便在国内大力推广生丝生产和茶的种植。大量武士受到鼓励，迁入荒地开始种植茶树。这些武士的辛勤开垦为日后茶叶基地的形成奠定了基础，这个地方后来发展成了全日本最大的茶园——牧之原台地。

通过出口茶叶，日本赚得了外汇，加速了近代化的进程。

印度红茶的诞生

现在，一说到红茶，比较有名的就是印度产的大吉岭、阿萨姆等。

鸦片战争后，英国认识到需要重新审视对中国茶叶的过度依赖性，然后，英国就尝试在其当时的殖民地印度种植茶树。然而，中国的茶树却无法在印度正常生长，对中国的茶树来说，印度的气温太高了。

1823 年，英国的探险家布鲁斯在印度的阿萨姆地区发现了一棵茶树。之后的调查表明，这种茶与中国云南的普洱茶是同一茶种。

现在，人们知道了茶树分为两种，一种就是中国种植的"中国种"。中国种适宜在寒冷的地区生长，叶片较小。为了抵御中国冬季的寒冷和干燥，叶片必须变得又小又厚。中国种现种植于中国、日本等温带地区。

另一种就是在印度发现的茶树，现称为"阿萨姆种"。阿萨姆种为了适应印度的炎热气候，叶片较大。在热带等有利于光合作用的地区，大叶片比小叶片的生长效率更高。此外，热带有很多啃食叶片的害虫，叶片如果不大一些，就会被吃光。

虽然中国种和阿萨姆种在分类学上属同一"种"，但是地域、海拔等生长环境的不同，造成了不同茶种植区的茶叶有一些区别。

比如，有一种鹿叫日本鹿，但北海道的日本鹿就比本州的体形大，九州的又比本州的体形小。因此，人们把北海道的日本鹿称为虾夷鹿，本州的称为本州鹿，九州的称为九州鹿加以区别。这就是亚种。

中国种与阿萨姆种的关系就像稻米的亚种——粳稻（短粒种）

与籼稻（长粒种）——一样。日本种植的是颗粒浑圆的粳稻，而以泰国米为代表，是颗粒细长的籼稻。

由于热带病虫害多，所以阿萨姆种含有较多具有杀菌作用的咖啡因。喝绿茶享用的是氨基酸的美味，而喝红茶享用的是咖啡因的苦味，所以，阿萨姆种更适宜制作红茶。

这样，英国成功地摆脱了对中国茶叶的依赖，实现了红茶的自给自足，印度也因此变成了世界上最大的红茶产地。印度因为茶失去了传统的纺织业，却在千回百转之后又因为茶完成了经济的复兴。

咖啡因的魔力

全世界都被茶的魔力所左右。茶真的有大到能够引起一场战争的魔力吗？

这种魔力的元凶其实就是茶中含有的咖啡因。

咖啡因是毒性物质生物碱的一种，最初是植物为了避免被动物啃食而分泌的防御物质。咖啡因的化学结构与尼古丁、吗啡很相似，同样有着令神经兴奋的作用，所以喝茶能够提神醒脑。这正应了那句话："毒与药仅一线之隔。"

虽然茶里的咖啡因含量很少，但咖啡因原本就是作用于脑神经的有害物质，人体会尽力将咖啡因排出体外。茶喝多了会导致人频繁地想去洗手间就是这个原因。

茶是山茶科植物。山茶的叶片和茶叶片很像，然而，古人却从无数的植物中选出了茶叶。在化学不发达、没有分析机的时代，人们仅凭经验就选出了含有咖啡因的叶片，想必过程也是一波三折。

咖啡因，顾名思义，是从 coffee（咖啡）中发现的物质。咖啡的原料来源咖啡树是茜草科植物，咖啡树里也含有咖啡因。

世界三大饮品是茶、咖啡和可可，它们的原料分别是茶叶、咖啡豆、可可豆，全都是含有咖啡因的物质。可以说，"万变不离其宗"。古今中外，植物所含有的咖啡因吸引了无数的人，含有咖啡因的茶更是大大撼动了人类历史。

第九章

甘蔗

诱惑了人类的甜味

种植活动费时费力，需要充足的劳动力，欧洲各国纷纷相中非洲殖民地的劳动力资源，于是开始贩奴到美洲。从非洲前往新大陆的船上，挤满了种植甘蔗的奴隶。

人类喜欢甜食

人类特别喜欢吃甜食。

小孩子们看到甜的零食就迈不动步。大人们在奖赏自己的时候，也喜欢买些蛋糕之类的甜点来吃。

所谓的甜味其实来源于"糖"，糖是我们生命活动的能源。人类的祖先曾是栖息于森林中、以植物果实为食的猿人。植物的果实成熟后会变甜，也就是说，"甜味"就是植物果实成熟的味道。为了找寻食物，人类练就了一身识别甜的气味或口味的能力。

在现代社会，人工甜味料层出不穷，甜食摄入过量已经成了一种健康威胁，但在自然界中，甜食却没有任何危险，而且还是可以更高效地摄取能量的珍贵粮食，因此，我们才喜爱甜食。

然而，在草原上实现了进化的人类能尝到森林里甜甜的果实的机会越来越少了。

据说人类最早尝到的甜味是蜂蜜。公元前 2500 年，人类就已经吃到蜂蜜了，真是不可思议。

农耕开始后，谷物的淀粉成了甜味的来源。小麦种子发芽后的麦芽含有许多能够分解淀粉的淀粉酶。在淀粉里加入麦芽，淀粉被分解后就生成了糖，这就是麦芽糖。从前，麦芽糖都是被当作调味料使用的。

生产砂糖的植物

目前，制作砂糖的原料植物之一就是甘蔗。甘蔗是禾本科植物，能够长到三米多高。甘蔗在热带地区强烈的光照下进行充分的光合作用，并将光合作用产生的糖贮存在茎中。

甘蔗是原产于东南亚的热带植物，印度人发现了用这种植物制糖的方法。传说，创立了佛教的释迦牟尼在结束苦修时还喝了一碗加了砂糖的乳粥。

但是，甘蔗只能在热带地区种植，所以，甘蔗制成的蔗糖对其他地区的人来说，是极其稀有的。

现代社会怎么着也能吃顿饱饭，但以前的时代不一样，很多人容易营养不良。砂糖是最直接的能量来源，有恢复体力的"药效"。因此，砂糖当时被当作高价药使用。

砂糖从印度传向世界，是通过 13 世纪上半期西方军队东征开始的。

然而，甘蔗制成的蔗糖是只有一部分王族和贵族才能够吃到的奢侈品。

需要奴隶的农业

在此之前，农业不需要奴隶。

但甘蔗不一样，种植、收获甘蔗是重体力劳动。

虽然此前的农业也有重体力劳动，但都是用锄头在地里耕地之类的单纯的作业，还能使用牛、马等家畜。然而，甘蔗可是超过三米高的巨大植物，收获时的工作无法使用家畜，在 20 世纪发明出机器之前，有关甘蔗的重体力活都是由人力完成的。

而且甘蔗还需要在收获后精制成砂糖。甘蔗收获后，茎中贮存砂糖的部分会渐渐变硬。当时人们认为，必须要在茎变硬前趁着还新鲜的时候熬出糖分，所以，收获的甘蔗不能堆放起来保存。

人们想出的方法是，一次性收获大量甘蔗，再一次性进行精制工作，如此反复，所以需要大量的劳动力从事一次性收获甘蔗的作业。这已经与田园诗般的农业相去甚远，甚至像是一种工业生产了。为了提高工作效率，人们将甘蔗田的规模不断扩大。

甘蔗收获后需要立刻精制，就意味着没有时间像其他作物那

样，先卖到市场，买主购买后再进行加工……因此，种植甘蔗的同时也需要建造精制工厂，之后只管埋头生产砂糖就行了。这就是种植园。

种植园需要大量的劳动力。最初的时候，人们使用的是战争时的俘虏，但远远不够。渐渐地，人们觉得需要使用奴隶。

没有砂糖的幸福

有这样一则笑话。

在一个南方小岛上，人们悠闲地生活度日。一个外国来的商人看到后，问大家为什么不更努力地劳作赚钱。岛上的居民问，赚那么多钱做什么呢？商人回答："可以在南方的岛上悠闲地生活呀。"听了这句话后，大家说："我们不是早就做到了吗？"

在自然资源丰富的地方和自然资源贫乏的地方，哪儿的农业会更发达呢？

从事农业生产是重体力劳动，如果不用务农也能生活的话，当然是最好的。在食物充足的南方岛屿上，农业是很难发展的。

但是，自然资源贫乏的地方就不同了。虽然农业需要付出辛苦的劳动，但务农可以获得稳定的食物供给，所以，人们会选择辛勤劳作。

大西洋的西印度群岛按说是一片食物丰富的岛屿吧，然而，在这些本该很富裕的岛屿上，人们也在从事繁重的农业劳动，那就是种植甘蔗。

被甘蔗侵略的岛

通过哥伦布的航海，西班牙发现了美洲大陆，但没有发现既定的目标——胡椒。最初西班牙援助哥伦布航海，就是寄希望于胡椒可以带来巨大的财富，所以仅仅发现新大陆是不能令其满足的，于是，在西印度群岛，西班牙开始了创造财富的经济活动。

发现了美洲大陆的哥伦布将各种各样的珍稀植物带回了欧洲，另一方面，哥伦布也曾尝试将旧大陆上的植物带到美洲大陆进行种植。哥伦布知道在葡萄牙海域的马德拉群岛上种植着甘蔗，他还注意到加勒比海域岛上的气候温暖，所以将甘蔗带到了美洲大陆。

甘蔗的引进恰好代替胡椒产生了财富。通过在美洲大陆种植甘蔗，大量的砂糖被带回欧洲。

甘蔗不是粮食，而是嗜好品。

没有甘蔗人是不会饿死的，但仅有砂糖，人却无法生存。

但是，由于追求财富的西班牙的统治，许多资源丰富的岛上的森林被烧毁，变成了广阔的甘蔗田。

美洲大陆与黑暗的历史

西班牙在美洲大陆的甘蔗种植成功后，欧洲各国也不约而同地开始在美洲大陆的殖民地上种植甘蔗，甚至中美洲的许多小岛也成了甘蔗的种植地。

欧洲的小麦种植和畜牧业是粗放的，不需要大量劳动力。但是，甘蔗的种植和收获工作需要大量的劳动力。此外，将甘蔗精制成砂糖的过程也需要劳动力。

欧洲人最初是将美洲大陆的原住民当作劳动力使用的，然而，由于侵略和战争，当地的人口已有所减少，再加上从欧洲带去的传染病，导致人口锐减。

为了种植甘蔗，如何确保必要的劳动力呢？欧洲各国注意到了非洲殖民地的当地居民。

欧洲各国进口美洲大陆种植的甘蔗（砂糖）后，会用船将工业产品运往已是殖民地的非洲。然后，在从非洲前往新大陆的船上，挤满了为了种植甘蔗的奴隶们。

种植甘蔗是非常艰苦的劳动。奴隶们被虐待，一个一个地失去了性命。然而，那时的奴隶不过是一种消耗品。短时间内被迫从事重体力劳动，然后失去利用价值，但即便如此，还会有补充的奴隶源源不断地从非洲运来。

不只是甘蔗种植，这种奴隶贸易也应用于棉花等工业原料作物的生产中。

从 1451 年到奴隶制被废除的 1865 年，有多达 940 万非洲人被当作奴隶运往美洲大陆。

真是不折不扣的黑暗历史啊！

始于一杯红茶

对欧洲人来说，有一种植物一下子提高了砂糖的价值，那就是第八章介绍过的茶。

17 世纪，茶从中国传到欧洲后，享用一杯红茶是中世纪欧洲上流阶层的人们最幸福的时光。伊丽莎白·阿伯特所著《砂糖的历史》中说，就是因为这一杯茶中加入的砂糖，无数男女被迫离开生长的故乡过着奴隶生活，人类可悲的历史开始了。

红茶是有益健康的饮品。只是，最初中国没有往红茶里加砂糖的习惯，所以，红茶只是单纯的苦味饮品。但是，通过往茶里加砂糖，红茶成了充满魅力的嗜好品。

我们不知道谁是第一个往红茶里加砂糖的，但这东方的神秘饮品加入了美洲大陆的砂糖后，甜甜的红茶瞬间就在欧洲人中流传开了。

随着饮茶的习惯在平民间普及开来，往茶里加砂糖的需要也爆炸式地增多了。

不只是红茶。

对欧洲人来说，世界三大饮品——茶、咖啡、可可——都是来自异国他乡的饮品。这些饮品都含有能使中枢神经兴奋、具有提神作用的咖啡因，因此作为补药很受人们欢迎。但是，咖啡因也是一种带苦味的物质，所以这些饮品都是苦的。不过，砂糖的存在让这些饮品带上了具有诱惑力的口味。

砂糖变得价廉易得后，人们开始设计甜的点心。甜品比起含有咖啡因的苦味饮品更具有诱惑力。就这样，砂糖从奢侈品变成了必需品，人们开始追求大量的砂糖。

多民族共存的夏威夷诞生

甘蔗最初是从原产地东南亚向东传入了夏威夷。19 世纪，欧洲的探险家发现了夏威夷后，将甘蔗经由美洲大陆带了进来。也就是说，从东南亚向东传播的甘蔗和经由美洲大陆向西传播的甘蔗环绕了世界一周，在夏威夷相遇了。

为美国所占有的夏威夷也需要劳动力发展甘蔗种植，但当时的美国正处于南北战争中，无法从非洲运来奴隶，而且当时奴隶制也快要宣告终结了。

在温暖的南方小岛上，不用干重体力活也能吃饱喝足，夏威夷的原住民就没有在需要重体力劳动的种植园中工作。

于是，19 世纪 50 年代，大量中国劳动者被带到了夏威夷，他们不是奴隶，而是劳动人员。后来，他们要求涨薪，改善劳动环境，甚至还有不少人走上街头开始做买卖。到了 19 世纪 60 年代，许多日本人也被当作劳动力带到了夏威夷。而当日本人开始要求涨薪后，就轮到了菲律宾人和朝鲜人，甚至连葡萄牙人和西班牙人也来了。到最后，连非洲裔的美国人也从美国本土来夏威夷找工作。

就这样，未施行奴隶制的夏威夷吸引了各种各样的民族移居至此，并引入了竞争机制，做出了降低薪金的努力。同时，也建立起了一个世界少有的多民族、多元文化共存的社会。

第十章

大豆

从支撑中国五千年文明到走上世界舞台

大豆原产于中国，它支撑了中国五千年文明的发展。由于自身营养丰富，大豆华丽变身为豆腐、味噌等食品，并传播到美洲大陆。

大豆是"酱油之豆"

大豆的英文是 soybean。其中 soy 指的就是酱油，soybean 的意思就是"制作酱油的豆"。

大豆原产于中国。从中国传往世界各地的大豆大约于绳纹时代之前传入日本，日本人从很久以前就开始食用了。奈良时代①以后，酱油、味噌等以大豆为原料的食品的加工技术从中国传入，大豆成了构成日本饮食生活的基本作物之一。在很长时间内，大豆的种植都是以亚洲为中心，而现在全世界都在种植大豆。

世界上种植最多的作物是玉米，其次是小麦、水稻。因此，玉米、小麦和水稻被称为世界三大谷物。

第四位的作物是马铃薯，第五位就是大豆。

---

① 奈良时代始于 710 年，结束于 794 年，受中国唐朝文化的影响较大。

大豆生产量最多的是美国，其次是巴西。现在，全世界85%以上的大豆都由美洲大陆生产。

玉米、马铃薯、番茄等，许多作物都是原产于美洲大陆，现在在全世界范围内种植，而原产于中国的大豆，却是从中国传到美洲大陆后，现在被广泛种植。

中国种植的大豆是如何传到世界各地的呢？

支撑着中国五千年文明的植物

世界上许多文明的发展都与主要的作物紧密相关。

美索不达米亚文明和埃及文明都有大麦、小麦等麦类。中国文明有大豆。

把目光投向美洲大陆，拥有安第斯文明和玛雅文明的中美洲是玉米的发源地，拥有印加文明的南美洲安第斯山脉是马铃薯的发源地。

然而，现在这些文明大多消亡了，只有中国文明还继续发展。

在中国，北方的黄河流域以大豆和粟为中心的旱田耕作农业发达，南方的长江流域以水稻为中心的水田耕作农业发达。

进行农耕、收获农作物后，土壤中的养分就会流失，所以，连续种植作物后，土地会变得贫瘠。另外，连续种植某一特定的作物，矿物质平衡会被破坏，植物释放出的有害物质会让土壤环境变得不再适宜植物生长。因此，早先开始农耕的地区土地沙漠化，其文明也走上了灭亡的道路。

但是，支撑着中国农耕文明的水稻和大豆是对自然破坏很少的作物。

在水田种植水稻，山上流下来的水会补给营养物质，多余的矿物质和有害物质也会被流水带走，所以不会产生连作障碍，同一片水田每年都可以进行稻作。

另外，大豆是豆科植物，豆科植物有可以通过和细菌共生、从空气中固定氮元素的特殊能力。因此，大豆在没有氮元素的贫瘠土壤上也能种植，在种植过其他作物的田里种植大豆的话，还能够恢复土壤肥力，让贫瘠的土壤变得肥沃起来。

大豆的祖先

大豆的祖先是一种叫作"野大豆"的植物，也简称"豆"，学名为 Glycine soja。而大豆的学名为 Glycine max。两者同属，可杂交。

大豆与常见的扁豆、豇豆等豆科作物不一样，它不是用藤蔓生长，而是有自己直立的茎。大豆是如何从藤蔓植物进化成直立作物的呢？

很遗憾，这个原因至今不明。

只是，从植物的角度来看，不直立，而是用藤蔓攀附在其他植物上不断向上生长，这是一个有利于快速生长的性质。

另一方面，从人类的角度来看，培育藤蔓植物很耗费功夫。除了必须要立起一个藤蔓可以攀爬的支柱外，藤蔓相互纠缠的话，收获时会很麻烦。正因为如此，人们才选出了具有直立特征的植物体系吧。

如今，人们开发了各种品种改良技术，但现在的大豆与数千年前诞生时的样子几乎没有差别，没有像从藤蔓植物演化成直立的植物那样剧烈的变化。在中国黑龙江大豆的故乡逊克县，我们仍然能见到大豆与野大豆之间的连续过渡：有些大豆似乎微微有藤，而有些野大豆似乎藤状不明显。

为什么大豆被称为"田里的肉"？

日本人的主食米饭和味噌汤很相配。

米饭与味噌汤的搭配就是和食的基础。这是有科学道理的。

味噌的原料是大豆，稻米和大豆在营养学上具有很好的互补效应。

日本人的主食稻米中含有丰富的碳水化合物，是营养均衡的优质食品。而另一方面，大豆被称为"田里的肉"，含有丰富的蛋白质和脂类。因此，稻米和大豆一搭配，三大营养素——碳水化合物、蛋白质、脂类——就达到了很好的平衡。

而大豆含有较多的蛋白质，甚至被称为"田里的肉"，有这样几个原因。

大豆等豆科植物可以通过固氮作用这一特殊能力，吸收空气中的氮元素，因此，大豆也能在氮元素稀少的土地上生长。

然而，种子在刚发芽时，还不能固定氮元素，所以，种子里事先储存了植株出现固氮能力之前所需的氮元素——蛋白质。

水稻的种子稻米中含有丰富的碳水化合物。

比起碳水化合物，种子的营养物质蛋白质和脂类能够释放出更巨大的能量。不过，蛋白质是构成植物体的基本物质，不仅对种子，对于母株来说也是极为重要的。此外，脂类蕴含的能量大，相对地就需要更多的能量来形成脂类。也就是说，要让种子贮存蛋白质和脂类，植物的母体必须要有更多的养分余量。

禾本科植物是在草原地带繁茂起来的。在严酷的草原环境中生长的禾本科植物没有这样的养分余量，因此，禾本科植物形成了一种简单的生长方式：将光合作用产生的碳水化合物原封不动地贮存在种子中，再将这些碳水化合物用作发芽、生长的能量源。

后来，这些碳水化合物就被人类当作食物利用。

稻米与大豆是黄金搭档

含有较多碳水化合物的稻米和含有较多蛋白质的大豆搭配起来，营养就更为均衡。

不仅如此，稻米虽然被称为是含有各种营养物质的全营养食品，但唯一缺少的就是氨基酸中的赖氨酸。而赖氨酸含量丰富的就是大豆。

另一方面，大豆里氨基酸中的蛋氨酸（即甲硫氨酸）含量较少，而稻米中的蛋氨酸含量丰富，所以，稻米和大豆一搭配，所有的营养物质就齐全了。

大豆向豆腐的华丽变身

豆腐至今有两千多年的历史，它是由中国西汉时期的炼丹专家，汉高祖刘邦的孙子，淮南厉王刘长的儿子淮南王刘安发明的。

据传，刘安是个大孝子。他的母亲患病期间，他每日都用泡好的黄豆磨成豆浆给母亲饮用，刘母的病好转后，豆浆的功效也随之在民间传开。公元前164年，刘安有一次在烧药炼丹的时候，偶然以石膏点豆汁，没想到机缘巧合下发明了豆腐。对于刘安发明豆腐的这一说法，也有少数专家对此持质疑观点。

豆腐到宋代方才成为重要的食品。南宋诗人陆游记载苏东坡喜欢吃蜜饯、豆腐和面筋；吴自牧《梦粱录》记载，京城临安的一些酒铺也卖豆腐。

经过两千年的不断改进和发展，豆腐如今已经成为中国菜肴最重要的原料之一。中国人充分发挥了烹饪技巧，针对豆腐这种简单的食材发明了花样繁多的做法：毛豆腐、豆花（又称豆腐脑、豆腐花）、麻婆豆腐、臭豆腐、干豆腐、豆腐皮、冻豆腐等。

在此过程中，豆腐这种中国特有的食物，也悄无声息地走出国门，走向世界。

战争创造的食品

战争是许多技术产生的动力。

战争最重要的不只是兵器。战斗的主体是人，所以人的粮食是必不可少的。如果有一万士兵，那么每天就需要准备一万人的口粮。因此，各种各样的食品就被用在了军事中。比方说保质期长的软罐头食品和冻干食品，其制作技术都是出于军事目的开发的。

回顾大豆的发展历史，日本在战国时代也制作出了具有里程碑意义的战地食品，那就是味噌。

味噌的做法最早是从中国传到日本的。在日本战国时代，味噌的制作实现了飞跃式的发展。

现在的味噌不过是一种调味料，但对战国时代的武士们来说，味噌是非常重要的。味噌是发酵食品，保质期长。而且，将其晒干或烤干做成味噌球的话，就能随身携带。用热水一泡就能做出简易味噌汤，再采些野草做配菜，还能补充营养。据说还有一种食品是将味噌球和干菜叶子一起用热水泡开后再晒干定型，就和现在的速食味噌汤一样。作为战地食品，味噌是必不可少的。

此外，大豆制成的味噌还含有丰富的色氨酸，色氨酸是神经递质血清素的合成材料之一。血清素有助于纾解压力，被称为"幸福荷尔蒙"。也就是说，食用味噌后，人会在血清素的作用下，心绪沉着，情绪昂扬，士气因此而提高。再有，味噌中含有能使大脑机能活跃的卵磷脂，从而能够使人迅速而冷静地做出判断。再加上能够消除疲劳、增强免疫力的精氨酸等，可以维持强壮的体魄。

家康喜爱的赤味噌

支持着德川家康的三河武士因作战勇猛而名扬天下。

　　这些勇猛的战士的"灵魂食物"就是味噌。据说江户幕府建立后，德川家康和他的家臣还让人送来了三河的赤味噌。

　　如今一说到名古屋，最有名的就是味噌文化，比如味噌炸猪排、味噌乌冬面等。名古屋的味噌就是独特的红色豆味噌。

　　豆味噌最初不是爱知县西部尾张国的特产，而是家康的故乡爱知县东部三河国的特产。

　　最初味噌是只用大豆制作的，但是后来技术发达起来，为了加快发酵、缩短制作味噌的时间，人们就在味噌里加入了稻米或小麦制成的曲。此外，为了让口味更加温和，人们还创造出用蒸过的大豆制成的赤味噌，以及用煮过的大豆制成的白味噌。

　　不过，三河地区也有当地自古流传下来的豆味噌。

　　三河地区多台地地形，水路不畅，无法开垦水田。另外，土壤贫瘠，多是难以种植作物的地带。所以，在贫瘠的土壤上也能生长的大豆被广泛种植。并且，人们利用大豆不断地制作只用豆做成的豆味噌。

　　三河地区土壤贫瘠，自然条件肯定算不上优越。到了冬天，三河还会刮起凛冽的季风，俗称"干风"。后来家康一统天下，支持着他的三河武士们的强健体魄，或许就是在这种恶劣的自然环境中培养出来的吧。

武田信玄创造的信州味噌

甲斐的武田信玄也制作出了有名的味噌——信州味噌。

甲斐的武田信玄的领地内多四面环山的地形。在水田稀少、稻米难种的山国，从很久以前就盛行用大豆制作味噌。制作出信州味噌的信浓地区当时就在武田信玄的统治之下。

武田信玄设计的味噌，是将大豆煮烂后磨碎，加入曲后再揉成团状。这样，行军途中就会发酵，可以作为味噌食用。真不愧是实用主义者信玄的设计啊！

再有，味噌也是便于摄入盐分的食品。信玄统治的甲斐和信浓地区没有海，需要储备食盐。味噌在储备盐分这一点上也是十分重要的。

川中岛是信玄和其对手越后国的上杉谦信多次交战的地方。信玄为战争做准备，鼓励种植大豆，制作味噌。

武田信玄的军粮就是后来驰名全国的信州味噌。

伊达政宗与仙台味噌

仙台味噌也是作为一种军粮发展起来的。仙台味噌与伊达政宗有关。

伊达政宗非常重视味噌，将它用作易于保存的军粮。他在仙台城下设立了味噌酿造所——御盐噌藏，大规模制作味噌。这座御盐噌藏就是日本最早的味噌工厂。

仙台味噌开始闻名是在秀吉出兵朝鲜的时候。在夏季的长期战斗中，其他武将的味噌都变质了，只有伊达政宗带来的味噌没有变质。政宗将这些味噌分给了其他武将，政宗的味噌因此声名大噪。后来，政宗带来的味噌被称为"仙台味噌"。

一般来说，只用大豆制作的味噌就是赤味噌，加了米曲就会变成白味噌。

仙台味噌米曲少，大豆多，也被归到赤味噌。家康的大本营三河因为水田稀少，制作的就是只用大豆的赤味噌。而另一方面，仙台平原给人的印象是稻米遍地，那为什么在满是稻米的仙台制作的却是大豆居多的赤味噌呢？

伊达政宗称霸日本东北时，天下已是秀吉的囊中之物。政宗在秀吉以及后来一统天下的德川家康麾下饱尝辛酸。秀吉命政宗镇压叛乱，后来，政宗虽然平定了叛乱，却被怀疑煽动叛乱，米泽城①被没收，秀吉只赐给他一座因叛乱而荒废的宫城。虽然仙台平原现在是肥沃的水田地带，但当时只是一片广阔的湿地，不适宜发展农业。

关原合战②后，德川家康命令伊达政宗改修江户城，伊达政宗

---

① 今日本山形县米泽市。

② 日本 1600 年的历史战役，交战双方为德川家康领导下的"东军"和石田三成率领的"西军"。

背上了沉重的经济负担。伊达政宗的仙台藩实际上正处于稻米不足的拮据状态，因此，为了节约稻米，他们制作的是只用了一半米曲的味噌。仙台名产赤味噌就这样被创造了出来。

大豆传到美洲大陆

大豆不只可以做味噌，还是酱油的原料。

后来，大豆传到了美洲大陆。有观点称大豆是从中国传过去的；也有观点认为，是美国舰队造访日本的时候将大豆带回去的。

但是，从东亚传到欧美的大豆却并没有大范围种植，因为大豆是不能直接生吃的。为了食用大豆，人们必须要将其制作成豆腐、纳豆、味噌等加工发酵食品。

改变了这种局面的，是1929年的世界经济大危机。

经济危机使油的需求低下，玉米油供给过剩，导致价格暴跌。而另一方面，价格便宜的大豆油的需求却渐渐旺盛起来。此外，为了抑制玉米供给过剩，人们进行生产调整，玉米田中开始种植不受管制的大豆。

20世纪30年代持续干旱，玉米种植受到极大冲击，而在贫瘠土地里也能生长的大豆几乎没有受到影响。这样，来自东亚的作物大豆开始在美国全国种植。

现在美国已是世界最大的大豆生产国。美国和加拿大合计起来，生产了世界大豆总产量的一半。只是在美国，大豆不是给人吃的，基本上都用作家畜的饲料。

"亚洲人后院里的作物创造的奇迹"

南北战争后奴隶制被废除，美洲大陆的劳动力开始短缺。为了补充劳动力，许多日本人被带到了美洲大陆。前面已经介绍过，一些中国人和日本人都曾作为种植甘蔗的劳动者，远渡重洋移居到夏威夷。

随着移民的增多，难免碰到夏威夷当地的料理不合胃口的情况，这时，酱油就是一种求之不得的宝物。只要加一些酱油，再怎么吃不惯的异国料理也会让人觉得没那么难以下咽了。

移民们从祖国带来了大豆，在后院种植并制作豆腐、味噌和酱油。

第二次世界大战爆发后，粮食短缺，南美洲各国鼓励种植大豆。但是，由于人们吃不惯，所以大豆的种植没有稳定下来。

20世纪60年代，南美洲各国开始正式种植大豆。现在，巴西、阿根廷、巴拉圭等南美洲国家都是大豆的生产大国，而且阿根廷、巴拉圭的大豆出口总额超过世界大豆出口总额的六成，是国家的经济支柱。有评论说，这是"亚洲人后院里的作物创造的奇迹"。

第十一章

洋葱

象征着胜利的荣誉

洋葱原产于中亚，在古埃及是非常重要的作物。

洋葱生长在干燥地带，为了免遭害虫和病菌侵害，产生了带有强烈辛味的物质。

古埃及的洋葱

洋葱是一种历史悠久的作物。

在展现公元前的埃及王朝的浮雕中，很多作品都描绘了建造金字塔的劳动者们腰间悬挂着洋葱的情形。

洋葱有着解乏和防病的药效，因此，洋葱被用作承受重体力劳动的人的强健剂发给了劳动者。

建造金字塔需要众多的劳力。如果没有洋葱的话——历史是没有"如果"的——或许就不会有留给后世的巨大金字塔了。

据说在古代埃及，制作木乃伊时也使用了洋葱。

人们在木乃伊的眼窝和腋下塞满洋葱，或者在缠绷带的时候放进洋葱。洋葱有杀菌效果和防腐效果，所以被用在这些方面。

传说中古埃及人认为，即使灵魂与肉体分离了，只要保住肉体，就能够复活，因此，他们才制作木乃伊长期保存肉体。

有杀菌效果和防腐效果的洋葱被认为是具有魔力的作物，甚至被认为能让死者复生。

被运到埃及

洋葱对古埃及非常重要，但洋葱的原产地却不是埃及。洋葱的原产地是中亚。

洋葱在公元前 5000 年左右就已被种植，后来在世界范围内传播，因而公元前的埃及也已经栽种。

洋葱自古以来在各地传播的原因是它便于保存的特点。

洋葱耐旱，所以能远途运输。此外，洋葱可食用部分是球根，因此，要移植洋葱的话，只需囫囵种下去，就能够增殖了。

收获洋葱后，人们将其挂在房檐下保存。洋葱耐旱怕湿，所以保持干燥更能长久保存。

在欧洲，人们在家里的玄关处挂洋葱用来驱赶女巫，有辟邪的作用。

事实上，洋葱有抗菌活性，所以人们才相信它有辟邪的效果吧。最初生长于干燥地区的洋葱为了免遭害虫和病菌等的侵害，产生了带有强烈辛味的物质。

球根的真面目

洋葱的英文是 onion，这起源于拉丁语"unio"。unio 意为
"珍珠"，剥了皮的洋葱就像珍珠一样白净漂亮，而且，洋葱一层
一层包裹，就像珍珠层层叠叠，所以，洋葱才被比作珍珠。或许，
洋葱那不可思议的力量中也蕴含着珍珠的神秘性吧。

洋葱虽是球根，但实际上却不是根。这一部分在植物学上被
称为"鳞茎"，即鱼鳞状的茎。

然而，它实际上也不是茎，我们食用的洋葱，其实是
"叶子"。

将洋葱竖着切为两半，我们会发现在基部有一个很小的芯，
这就是洋葱的茎。从茎上重叠而生的就是叶。

洋葱为了在干燥地区生存下去，就将叶的部分膨大，用来贮
存营养物质。

象征胜利

在中世纪的欧洲，当两军作战时，骑兵身穿甲胄，手持长
剑，脖子上还要戴一条"项链"，这条特殊的"项链"的胸坠
却是一个圆溜溜的洋葱头。他们认为，洋葱是具有神奇力量的

护身符，戴上它，就能免遭剑戟的刺伤和弓箭的射伤，整个队伍就能保持强大的战斗力，最终夺取胜利。因此，洋葱被誉为"胜利的洋葱"。

俄罗斯人的最爱

洋葱是俄罗斯人最喜爱的蔬菜之一，也是他们一日三餐离不开的蔬菜。由于俄罗斯夏短冬长，日照不足，所以新鲜的时令蔬菜和水果很少，也很难储存，特别是在漫长的冬季，土豆、胡萝卜、洋葱、圆白菜更是被俄罗斯人称为餐桌上的"四大天王"，陪伴着千家万户熬过严寒。

在俄罗斯，洋葱最普遍的吃法就是生吃，即将洋葱切成丝后和其他的蔬菜一起做成蔬菜沙拉，或者将洋葱丝作为配菜和牛排等主食一起吃，还可以在汉堡包、三明治里，夹上一些生洋葱丝。现在莫斯科街头最流行的烤肉卷"沙乌尔马"的做法，也是将烤肉、洋葱丝以及酸黄瓜一起放入卷饼里，味道非常可口。

洋葱的另一种做法就是做汤。俄罗斯人特别爱喝红菜汤，也称罗宋汤。其做法是：把肉切成小块，把红菜头、圆白菜、土豆、洋葱、胡萝卜切成丝，把这些放进水里，加上盐、糖等调料一起煮，煮熟后再浇上酸奶油，味道鲜美。在俄罗斯的其他菜肴中，无论是馅饼、肉丸子还是烤肉等都离不开洋葱，甚至连俄罗斯人

的圣诞节大餐也离不开洋葱。

传入中国的洋葱

和洋葱同类的作物有大葱、大蒜等，它们也和洋葱一样含有抗菌物质，所以从前被用来辟邪。比较著名的是，大蒜在中世纪的欧洲被用来驱逐吸血鬼。

洋葱是何时传入中国的？至今众说纷纭。有人说是唐朝时传入的，有人说是成吉思汗的铁骑远征时带回来的，还有人说是在清朝传入中国的。

洋葱有防腐效果，便于保存，适合作为长期航海的食材，因此，长途远行的船上都会储备洋葱。可以大胆猜测，洋葱就是从外国人的船上传到了中国。

作为一种外来食品，洋葱在以饮食文化著称的中国却受到了冷遇，很重要的一个原因就是切洋葱的时候，洋葱本身的辛辣会刺激人流眼泪。

第十二章

郁金香

世界最初的经济泡沫与球根

荷兰创建了东印度公司，通过海外贸易积累了大量资产，从此，荷兰的黄金时代拉开了帷幕。人们开始用剩余的资本竞相求购球根。

误会之下的命名

说到郁金香，大家立刻会想到荷兰，但郁金香的原产地实际在中亚地区。

野生郁金香是东征的西方军队带到欧洲的。之后，土耳其多次进行品种改良，培育而成的园艺品种在 16 世纪由荷兰商人传到了荷兰。

听到郁金香的名字后，土耳其语翻译确认道："这种和头巾一样的花叫郁金香？"后来，表示头巾的词"tülbend"就流传开来，最终演变成了 tulip。其实，郁金香的土耳其语名称叫作"lale"，"tulip"是误会之下起的名称。

装点了春天的花

荷兰的冬季天寒地冻，越冬之后能够开花的植物很少。

传入荷兰的郁金香在荷兰历史最悠久的植物园——莱顿大学植物园——进行试验种植。结果，通过球根越过冬季的郁金香克服了荷兰冬季的酷寒，开出了美丽的花朵。

郁金香的花色鲜艳，很是醒目。荷兰人对这种装点了春天的花感到非常惊奇。之后，郁金香作为春天的花朵在荷兰人中间获得了很高的人气。

物品的价格是由需求与供给决定的。需求少，物品过剩，价格就会下降。相反，需求多，物品少而供给不足，价格就会上涨。物品价格一涨，愿意出高价购买的人就变少。需求与供给如此平衡，就决定了价格。如果即使价格上涨还是有许多人愿意买，那么价格会涨得更高。

当时，荷兰东印度公司通过海外贸易积累了大量资产，属于荷兰的黄金时代已经正式拉开了帷幕。国内资本过剩，人们坐拥资产，于是，用剩余的资本竞相求购郁金香球根。

泡沫的产生

郁金香是能够赚钱的商品，所以，人们大规模地进行品种改

良，陆续地推出新品种。只要培育出珍稀品种，郁金香球根的价格就能再涨一些。

人们的消费量增长迅猛，刺激郁金香球根的价格不断上涨。昂贵的郁金香球根渐渐成了社会地位的象征。最终，象征社会地位的郁金香球根的人气更加旺盛，价格进一步上涨。

物品价格持续上涨，就给投机者提供了空间，因此，对园艺不感兴趣的人也乘机买入，连见都没见过郁金香的投资家也不约而同地抢购。抢购的人越来越多，球根的价格连续上涨，再这样下去，价格就要失控了。

球根贵到令人咂舌，已经涨到了一般市民年收入的十倍，甚至有人用一套房子来换。

我们现在将那个时代称为郁金香狂热时代。当时，最稀有、交易价格最高的品种是"broken"，翻译过来叫碎色郁金香，这是一种花瓣上有条状花纹的郁金香。这种罕见的有条状花纹的郁金香一面世，人们立刻疯狂了。

其实，碎色郁金香只是感染了以蚜虫为媒介的病毒，感染了病毒的郁金香会部分褪色，形成"马赛克病"。这种马赛克病的表现就是条状花纹。

因为种子不会感染病毒，所以一般来说，即使母株感染了病毒，用种子繁殖的子株也不会感染病毒。郁金香是用球根繁殖的，因此，如果母株感染了病毒，用它增殖的子株都会感染病毒。

郁金香的人气居高不下，终于，球根的期货交易发展成了期权交易，也就是说，交易的球根数远远多于实际培育出的球根数。

泡沫破裂

郁金香的球根已高涨到远远超出其真正价值，并且引发了与实体经济脱轨的经济泡沫。

讽刺的是，刚刚说过，以高价交易的碎色郁金香的名称就是"broken"，而"broken"的英文直接翻译过来，意思就是破裂。这种情况就像20世纪90年代的日本一样，经济泡沫总会破裂，消失无踪。

再怎么象征着财富，终究不过只是一种花的球根而已，价格不可能永无止境地上涨。价格过高导致许多人买不起球根，终于，泡沫破裂了。人们从狂热中清醒后，球根的价格暴跌，很多人失去了财富，许多投资家也相继破产。这一历史性事件被称为"郁金香泡沫"，是世界上最早的经济泡沫。

翻阅历史，曾经也发生过好几次人们为之狂热的经济泡沫，但无一例外，都虚无地破灭了。人类就是一种不断重复同一错误的生物，郁金香泡沫时代之后，一切如故，人们丝毫没有从中吸取教训。

就这样，黄金时代的荷兰人丢了财富，荷兰经济受到沉重冲

击，世界金融中心也随之从荷兰转移到了英国，最终英国在那个时代成了世界第一大国。

郁金香的球根最终改换了世界历史的主角。

第十三章

玉米

席卷世界的令人吃惊的农作物

现代社会没有玉米就无法存续。

玉米不仅仅是粮食，它还是制造工业酒精、纸箱的原材料，也可以生产代替石油的生物乙醇等。

"从宇宙降落的植物"

有一些都市传言说，玉米是从宇宙降落的植物。

真的吗？

怎么可能？当然是假的。虽然人们都这样想，但玉米真的是一种不可思议的植物。

因为，没有一种野生植物是玉米明确的祖先。例如，我们吃的米的祖先是野生水稻。还有，小麦虽然没有直接的祖先，但人们已经弄清了小麦演变自山羊草和野生二粒小麦的杂交。而玉米是如何诞生的，仍然是一个谜。

玉米是原产于中美洲的作物。人们曾怀疑过一种叫类蜀黍的植物可能是玉米的祖先。然而，类蜀黍在外观上就与玉米不同。而且，就算把类蜀黍假定为玉米的祖先，类蜀黍也没有近缘的植物。

也有人说玉米是禾本科植物，但玉米与一般的禾本科植物又不相同。

一般来说，植物在同一朵花中会有雄蕊和雌蕊。水稻、小麦等许多禾本科植物的花就是同一朵花中既有雄蕊又有雌蕊的两性花。玉米在茎的顶部开的是雄花，而在茎的中部开的是雌花。

雌花部分就是生长成我们食用的玉米的部分。我们吃玉米的时候会剥了皮吃，剥开皮，我们会看到里面黄色的玉米粒。这些玉米粒就是种子。

也许有人说这不是理所当然的吗，但细想起来还真有些不可思议。

植物为了传播种子，会使用各式各样的手段。比如，蒲公英会利用绒球让种子飞走，苍耳会将种子附着在人或动物的身体上。但是，玉米却将必须要传播的种子用表皮包裹起来。被表皮包裹的种子不会掉落，就算是把表皮剥开露出黄色的玉米粒，这些种子也不会掉落。如果种子不掉落，植物就不能传宗接代了。也就是说，玉米没有人类的帮助是不能传宗接代的。简直就是像家畜一样的植物。

玉米就像是为了让人们食用而种植的植物，因此，有传言说，玉米有可能是宇宙人赐给古代人的粮食。

我们也不确定玉米究竟是不是从宇宙降落的植物，但植物学家们将这种身份不明的植物叫作"怪物"。

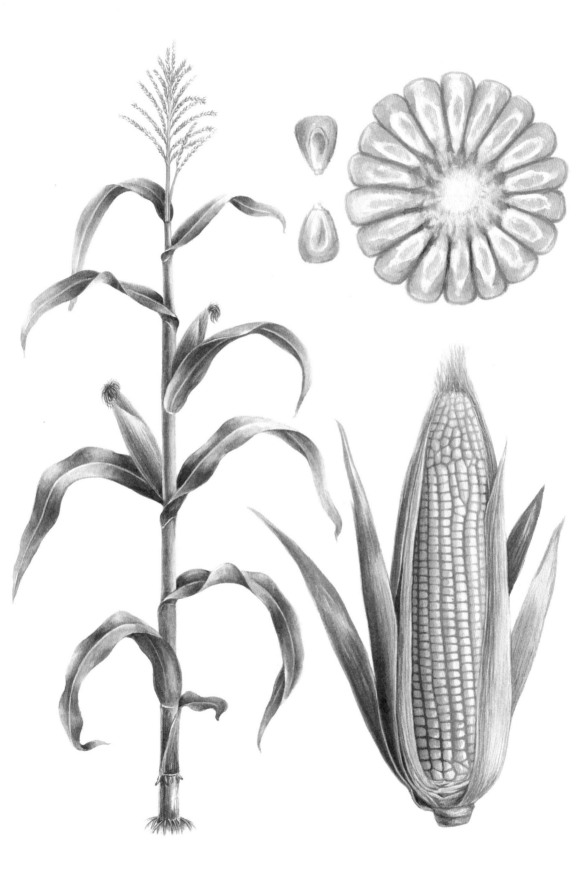

玛雅传说中的作物

就像前面介绍的那样，有些作物支撑着人类文明。黄河文明有大豆，印度河文明和长江文明有水稻，地中海沿岸的美索不达米亚文明、埃及文明有麦类，南美洲的印加文明有马铃薯。

我们不知道是因为有了文明才有了优质的作物，还是优质的作物支撑着发达的文明，但可以肯定的是，世界文明的起源都与作物的存在有着深深的联系。

又如玉米的发源地——中美洲，存在着阿兹特克文明和玛雅文明。玉米对阿兹特克文明和玛雅文明来说，是至关重要的作物。

在玛雅传说中，人类是由玉米创造的，并不是人类创造出了玉米，而是人类为后来者。

在传说中，诸神糅合各种玉米，从而创造出了人类。其实，玉米不只有黄色和白色，还有紫色、黑色、橙色等各种各样的颜色，因此，由玉米造出的人类才有着各色的皮肤。

在全球化的现代社会，我们知道世界上有白色人种、黑色人种和黄色人种等肤色各异的人种。

然而，拥有白色皮肤的西班牙人到达中南美洲，是哥伦布发现美洲大陆的 15 世纪以后的事，非洲的黑人们被运往美洲大陆是在 17 世纪以后。玛雅人是如何得知世界上有不同肤色的人种的呢？真是不可思议啊！

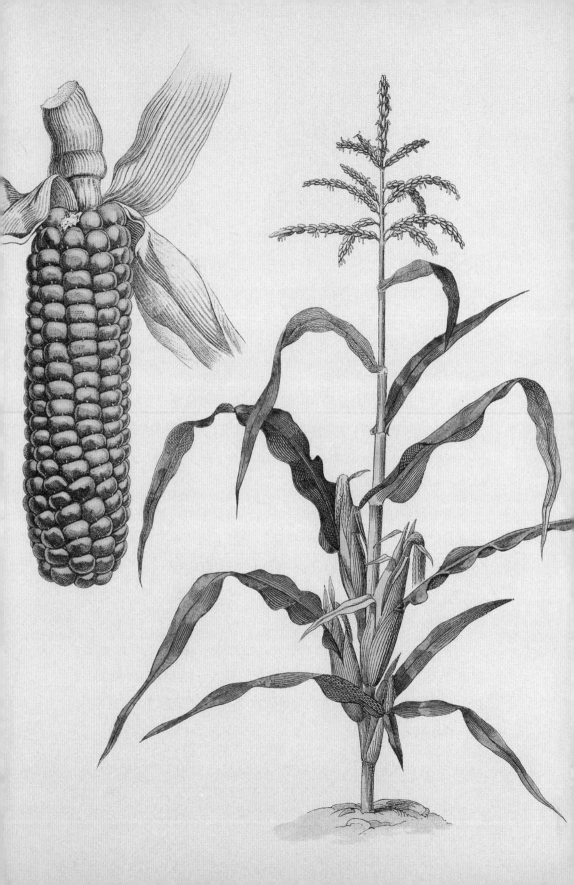

玉米未在欧洲普及

作为美洲大陆原住民的粮食，玉米被广泛种植，并通过哥伦布的首次航海带到了欧洲。但是，在传到欧洲后，玉米却并没有被欧洲人所接受。

对于见惯了麦类的欧洲人来说，玉米是一种奇妙的谷物。甚至植物学家们都评价说："玉米是少见的植物。谷粒生长的地方和开花的地方全然不同，太少见了。这与自然的法则背道而驰。"

植物的花凋谢后，会结果产种，玉米也不例外。只是，玉米的雌花——花柱——长得不太像花。玉米和其他的禾本科植物一样，在茎的顶端结穗开花。不过，玉米在这个部位长的是雄花，所以不会结果，而是在有花柱的地方结果。

对于欧洲人来说，与自然法则背道而驰是难以置信的，因此，玉米仅被作为观赏用的珍稀植物种植，并没有被当作粮食作物。

"蜀黍"与"唐黍"

被哥伦布带回欧洲的玉米虽没有在欧洲被正式种植，但却传到了非洲、亚洲各国。哥伦布发现美洲大陆是在 1492 年，在那之后不到百年的时间里，玉米就传到了东亚。1579 年，葡萄牙的船将玉米带到了日本。、因为日本有水稻，所以玉米也没有被广泛种植，但在无法开垦水田的山间地带，玉米却作为粮食普及开来。

玉米在日语中有"唐蜀黍"的意思，表明这是从中国传来的"蜀黍"。蜀黍现在指的是高粱一类的杂粮。虽然玉米实际上并不是从中国传出的，但当时日本的舶来品有很多是来自中国的，所以，人们用"唐蜀黍"表示这是从海外传来的意思。"蜀黍"这个词的日语还能写成"唐土"，指的就是来自中国。"唐蜀黍"还真是一个奇妙的名称。

前面说的高粱等杂粮也是古时候从中国传来的，因此，这种植物也被称为"唐黍"。

不过后来，和唐黍相似的玉米传到日本，所以，原本含有来自中国意思的"唐黍"又加上了一个表示中国意思的"唐"。不过，并不是写作"唐唐黍"，而是写作"玉唐黍"。顺便提一句，"蜀"是中国古时蜀国的地名，也是唐黍被写作"蜀黍"的原因。为了避免"唐"与"蜀"重复，才使用了"玉"这个字。

种植量最多的农作物

世界上种植量最多的农作物是什么呢？

不是小麦，也不是水稻，而是玉米。

说到玉米，可能很多人脑海里浮现的是小摊上的烤玉米，或

者玉米沙拉吧？难以想象，玉米的食用量竟比小麦和水稻都多。对我们大多数人来说，更熟悉的是当作蔬菜食用的甜玉米，但甜玉米是发生了基因突变的特殊品种，其糖分不转化为淀粉，在世界的玉米中也是稀有的种类。

正常情况下，糖分会转化为淀粉，所以一般玉米被当作谷物，而不是蔬菜。

玉米是美国原住民和移民最重要的粮食。由于翻耕硬地的"锄头"和蒸汽机的发明，机械化出现，大规模的生产才开始。但是，人们当作谷物食用的玉米只是少数，大多数玉米都被当成了家畜的饲料。

如今，玉米已不是单纯的粮食，玉米营养价值很高，世界各地的人们都在食用玉米，玉米已经上了千家万户的餐桌。

不断扩大的用途

玉米的作用还不止于此。其实，玉米也被广泛作为各类加工食品和工业品的原料，被用在各种加工食品里的玉米油也好，玉米淀粉也好，原料都是玉米。令人吃惊的是，制作鱼糕甚至啤酒也需要用到玉米。

还有，玉米淀粉可以制成果糖、葡萄糖等甜味料，口香糖、零食、营养饮料、可乐等食品中都会添加，我们在不知不觉中食用着玉米。

有人为了减肥，会少吃点心，少喝饮料，或许还有人使用低糖的特定保健品和抑制脂肪吸收的饮料。这些商品中加入了一种叫"难消化性糊精"的成分，这种难消化性糊精也是由玉米制成的。

我们的身体是由各种各样的物质组成的。有观点称，人类的身体约有一半是由玉米构成的。这在某种意义上，正应了玛雅的传说——"神"用玉米创造了人类。

玉米创造的世界

不只是食品，现代工业用酒精、黏合剂也是用玉米做的，玉米还可以被加工成纸箱等。最近，为了代替有限的化石能源石油，人们还用玉米制成了燃料——生物乙醇。

在 21 世纪的今天，我们的科学文明可以说没有玉米就无法存续。或许不管科学技术如何发达，我们的文明和玛雅文明在本质上没有太大差别。

在科学技术不断发展的现代，玉米也在进行品种改良。近来，基因重组技术如火如荼，许多改良后的玉米新品种也相继出现。然而，不管如何改良，玉米还是玉米，不会像很久很久以前，突然出现一种奇妙的植物叫"玉米"，和其他植物具有完全不同的性质，这种巨大的改良是无法做到的。

那么，在遥远的古代，玉米是如何诞生的呢？会不会真的是从宇宙降落下来的呢？一切都是谜团。

我们或许觉得是人类种植了玉米并加以利用，但从玉米的角度看，玉米也正是借人类之手在世界范围内被种植。植物为了扩大分布范围，会利用各种方式散布种子。如此想来，还没有一种植物能够像玉米这样成功地扩大着自己的种植面积。或许我们可以说，反而是玉米利用了我们人类。

结束语

　　人类在历史长河中恣意妄为、我行我素地利用着植物。而一言不发的植物就这样臣服于人类的欲望，或被运往遥远的异国他乡，在不适宜的气候里生长，或被人们任凭喜好改良形态吗？植物真的是在人类历史中被玩弄于股掌之间的受害者吗？

　　我认为并非如此。

　　对植物来说，最重要的是什么呢？那就是结出种子，播撒种子。植物就是为了留下种子、扩大分布范围而生的。

　　比如，蒲公英会利用绒球让种子乘风而去，被称为"黏人虫"的苍耳会将果实及种子附着在动物身上或是人类的衣服上。就这样，植物利用动物和人类为其运输种子。

　　即使不到山野里去的人有时也会在不知不觉中被植物利用。车前草、繁缕等杂草的种子结构容易附着在其他物体上，被压到后会沾在鞋底或车轮胎上。生长在道旁的杂草就是这样扩大分布范围的。

植物利用动物的方式不只是附着。其实，植物还有"让动物吃下去运输种子"的战略，植物结出甜美的果实就是出于这个目的。

鸟类等动物吃下植物的果实后，种子也一起被吞下。之后种子可以不经消化，随粪便一起被排出体外。种子通过鸟类等动物的消化道需要一定的时间，所以和粪便一起被排出体外时，鸟类等动物已经移动到别处。这样，种子就能够移动并散布出去了。

植物的果实之所以颜色偏红，味道甜美，就是为了吸引鸟类等动物前来食用。此外，还有更为高级的方法。

比如，堇菜的种子会利用蚂蚁传播。如果我们仔细看堇菜的种子，会发现种子上附着着一种名为"油质体"的果冻状物质。蚂蚁们以油质体为食，会将种子带回自己的巢穴。不过，运到蚂蚁的巢中后，种子在地下的深层是无法发芽的。实际上，蚂蚁将油质体吃完后，种子就留了下来。对蚂蚁来说，种子是无法食用的垃圾，所以会将种子扔到巢外。就这样，通过蚂蚁的行动，堇菜的种子就被运到了远处。像堇菜这样利用蚂蚁运输种子的植物被称为蚁运植物。多么复杂的方法啊！

但是，那又怎么样呢？植物为了散播种子，采用了各种各样的手段，其中不乏让其他生物吃下去这样高明的方法。为了运输种子，准备好甜美的果实、营养丰富的油质体等，对植物来说是轻而易举的。

我们人类种植各种各样的植物并加以利用……貌似这是我们

的一厢情愿。真相又如何呢？鸟类为吃到甜美的果实而狂喜，蚂蚁不辞劳苦地搬运着带有油质体的重重的种子，我们人类与它们又有什么分别呢？

现在全世界种植着许多作物。如果传播种子就是植物生存的目的的话，那么还没有一种植物成功地将种子播撒到世界的每个角落。在成片的农田中，种下的作物接受着人类的照料，自由自在地生长。而人类孜孜不倦地播种、浇水、施肥，精心照料着植物。

因此，为了迎合人类的喜好而改变形态和性质，对植物来说没什么。或许，并不是人类在随心所欲地改良植物，而是植物为了讨人类欢心在有的放矢地变化着。

正如本书介绍的那样，人类历史始于尝试种植植物。通过开始农耕，人类找到了创造财富的方法。之后，贫富差距出现，人们为了创造财富，不得不穷其一生辛勤劳动。

如果有来自地球之外的生命体观察一下地球的情况，它会有什么感想呢？会不会觉得，地球的统治者其实是作物呢？会不会向自己的星球报告说，人类只不过是照料着植物的可怜虫呢？

人类的历史其实是植物的历史。

参考文献

[1]安道尔·F.史密斯.砂糖的历史[M].手岛由美子,译.东京:原书房,2016.

[2]比尔·劳斯.图解——改变历史进程的50种植物[M].柴田让治,译.东京:原书房,2012.

[3]比尔·劳斯.图解——改变历史进程的50种植物[M].柴田让治,译.东京:原书房,2015.

[4]B.S.道奇.改变世界的食物[M].白幡节子,译.东京:八坂书房,1988.

[5]江原绚子,石川尚子,东四柳祥子.日本食物史[M].东京:吉川弘文馆,2009.

[6]艾丽卡·詹尼克.苹果的历史[M].甲斐理慧子,译.东京:原书房,2015.

[7]伊丽莎白·阿伯特.砂糖的历史[M].樋口幸子,译.东京:河出书房新社,2011.

[8]藤卷宏,鹈饲保雄.改变世界的作物——遗传与育种3

[M].1985.

[9]藤原辰史.战争与农业[M].东京：国际新书，2017.

[10]樋口清之.舌尖上的日本史[M].东京：朝日文库，1996.

[11]伊藤章治.马铃薯的全球史——撼动历史的"穷人面包"[M].东京：中公新书，2008.

[12]贾雷德·戴蒙德.枪炮，病菌与钢铁（下）[M].仓骨彰，译.东京：草思社，2010.

[13]贾雷德·戴蒙德.枪炮，病菌与钢铁（上）[M].仓骨彰，译.东京：草思社，2010.

[14]角山荣.茶的世界史——绿茶文化与红茶社会[M].东京：中公新书，1980.

[15]古贺守.葡萄酒的世界史[M].东京：中公新书，1975.

[16]玛乔丽·谢弗.胡椒的全球史[M].栗原泉，译.东京：白水社，2014.

[17]马克·艾伦森，玛丽娜·布达荷斯.砂糖的社会史[M].花田知惠，译.东京：原书房，2017.

[18]马克·米隆.红酒的历史[M].竹田圆，译.东京：原书房，2015.

[19]松本纮宇.美洲大陆的稻米物语——通过米制品得知的日系移民开拓史[M].东京：明石书店，2008.

[20]21世纪研究会.美食世界地图[M].东京：文春新书，2004.

[21]冈田哲.美食文化知识事典[M].东京：东京堂出版，1998.

[22]瑞贝卡·拉普.用胡萝卜打赢特洛伊战争的方法（上）——改变世界的20种蔬菜历史[M].绪川久美子，译.东京：原书房，2015.

[23]瑞贝卡·拉普.用胡萝卜打赢特洛伊战争的方法（下）——改变世界的20种蔬菜历史[M].绪川久美子，译.东京：原书房，2015.

[24]卢西恩·圭佑.香辛料的世界史[M].池崎一郎，译.东京：白水社，1987.

[25]酒井伸雄.改变文明的植物们——哥伦布留下的种子[M].NHK books，2011.

[26]佐藤洋一郎，加藤镰司.麦类的自然史——人与自然孕育的麦类农耕[M].东京：北海道大学出版会，2014.

[27]席尔瓦·约翰逊.改变世界的蔬菜读本——番茄，马铃薯，玉米，辣椒[M].金原瑞人，译.东京：晶文社，1999.

[28]橘实.番茄的蔬菜之日——从毒草到世界第一的蔬菜[M].东京：草思社，1999.

[29]武田尚子.巧克力的世界史——近代欧洲磨出的褐色宝石[M].东京：中公新书，2010.

[30]玉村丰男.世界蔬菜之旅[M].东京：讲谈社现代新书，2010.

[31] 汤姆·斯丹迪奇.改变世界的六种饮料——啤酒，红酒，蒸馏酒，咖啡，红茶，可乐讲述的另一部历史 [M]. 2007.

[32] 鹈饲保雄.玉米的世界史——封神作物的九千年 [M].东京：悠书馆，2015.

[33] 山本纪夫.辣椒的世界史——热辣的“饭桌革命”[M].东京：中公新书，2016.

[34] 山本纪夫.马铃薯一路走来——文明，饥馑，战争 [M].东京：岩波新书，2008.

[35] 拉里·祖克曼.马铃薯拯救了世界——马铃薯的文化史 [M].关口笃，译.东京：青土社，2003.